BAG & POUCH

BAG & POUCH

BAG & POUCH
有時經典大布包 · 有時可愛波奇包
跟設計師 學縫手作包

跟設計師學縫手作包

想要帶著親手製作的包包外出，
想要各種可愛的波奇包……
無論有幾個手作包，櫥櫃裡總是缺一個！
本書附錄的原寸紙型已含縫份，
只要直接描寫，
就能輕輕鬆鬆製作各種大包款＆波奇包。
立刻找出自己喜歡的設計，動手縫製吧！

Contents

P.10

P.29

P.47

P.42

《設計‧製作協力》

猪俣友紀（neige＋）
　　https://yunyuns.exblog.jp/

大河原夏子（nachic）

柏谷真紀（nikomaki*）
　　http://nikomaki123.tumblr.com/

冨山朋子（popo）
　　fb.me/bag.popozakka

丸濱淑子‧由紀子（KOKOHORE-WANWAN）
　　http://www.kokohore-wanwan.jp/

三田智惠子（FRANCESCA）
　　http://studio-francesca.com

Mono
　　r.goope.jp/mono

P.46

托特包

可快速取放物品的托特包，多準備幾種尺寸更方便。橢圓大底附加前後口袋的收納機能相當理想。挑選喜歡的布料，輕鬆愉快地製作吧！

■ 設計 ‧ 製作＝大河原夏子（nachic）

no.1

no.2

作法⇒ P.4

帽子／MOONBAT

充足容量的肩背式托特包。
大氣的印花布,時尚感十足。

尺寸相對較小的托特包
採用簡單有型的黑白配色,
以配布縫製外口袋。

no.1

材料
・表布（印花帆布）100cm 寬 × 95cm
・裡布（厚棉布）85cm 寬 × 70cm
・接著襯（薄）100cm 寬 ×70cm

原寸紙型

A 面　紅線 ——————　紙型張數／4張

袋身・裡袋身／口袋／底・裡底／提把

[紙型作法提醒]
袋身＆口袋紙型須分開描畫。

[裁布圖]　　　　　　　　　　　=須燙貼接著襯

表布・裡布

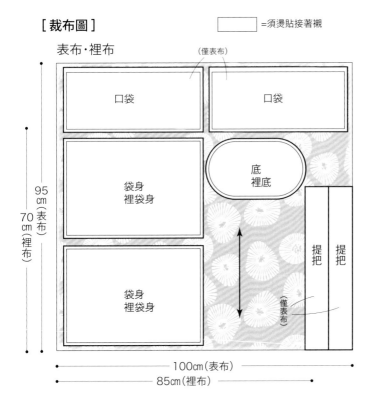

[縫製前的準備]
1. 在布料上描畫裁切線後剪下。
2. 畫上完成線（縫線）記號。
3. 燙貼接著襯（袋身／底／提把）。

no.2

材料
・表布（帆布）105cm 寬 × 65cm
・別布（印花帆布）105cm 寬 × 20cm
・接著襯（薄）85cm 寬 ×45cm

原寸紙型

A 面　紫線 ●——●　紙型張數／4張

袋身・裡袋身／口袋／底・裡底／提把

[紙型作法提醒]
袋身＆口袋紙型須分開描畫。

[裁布圖]　　　　　　　　　　　=須燙貼接著襯
表布

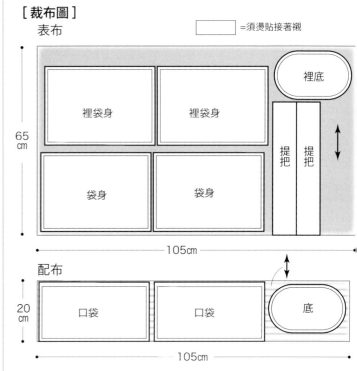

[完成尺寸]

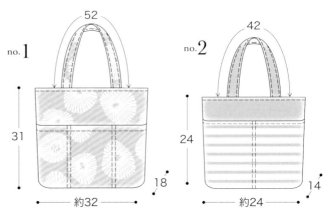

[作法]

1 縫製口袋口,疊於袋身上後縫合。

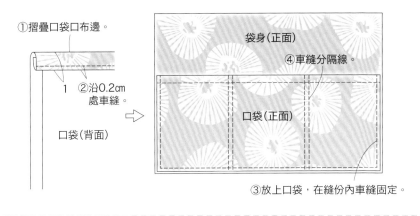

①摺疊口袋口布邊。

口袋(背面)

②沿0.2cm處車縫。

袋身(正面)

④車縫分隔線。

口袋(正面)

③放上口袋,在縫份內車縫固定。

2 疊合2片袋身,車縫兩脇邊。

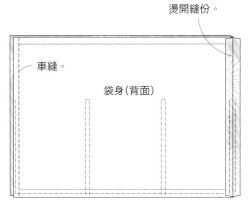

燙開縫份。

車縫。

袋身(背面)

3 縫合袋身&底。

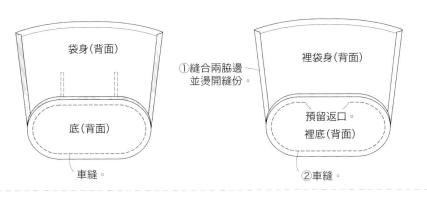

袋身(背面)

底(背面)

車縫。

4 車縫裡袋身兩脇邊&裡底。

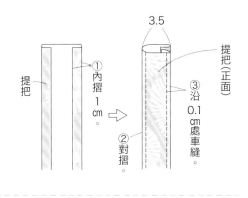

①縫合兩脇邊並燙開縫份。

裡袋身(背面)

預留返口。

裡底(背面)

②車縫。

5 製作提把。

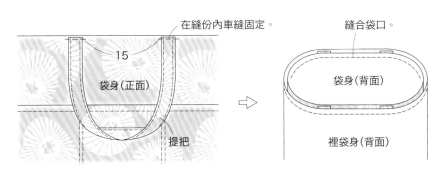

3.5

提把

①內摺1cm。

②對摺

提把(正面)

③沿0.1cm處車縫。

6 縫合袋身&提把,套合裡袋身後縫合袋口。

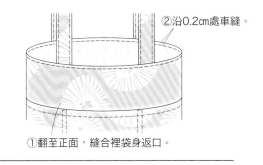

在縫份內車縫固定。

15

袋身(正面)

提把

縫合袋口。

袋身(背面)

裡袋身(背面)

7 翻至正面,袋口車縫壓線即完成。

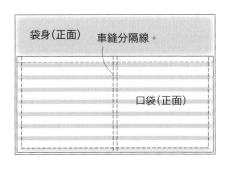

②沿0.2cm處車縫。

①翻至正面,縫合裡袋身返口。

---

no.2

[作法]

口袋改成2格,
調整提把的間距。
除了以上2點之外,
其他作法皆與no.1相同。

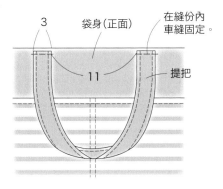

袋身(正面)　車縫分隔線。

口袋(正面)

3　袋身(正面)　在縫份內車縫固定。

11

提把

鬱金香手提包

如鬱金香花型般的可愛手提包。
還有超方便的兩側外口袋。

● 布料／COSMO TEXTILE（KP9057-1C）
● 磁釦／INAZUMA
● 製作＝金丸かほり

作法⇒ P.8

no.3

波士頓包

拉鍊款式的波士頓包非常適合小旅行使用。
經斜布條滾邊處理後，袋型挺立，不易變形。
●布料／COSMO TEXTILE（AP82305-1D）
●製作＝金丸かほり

作法⇒ P.62

no.4

帽子／MACKINTOSH PHILOSOPHY（MOONBAT）

材料

・表布（棉麻印花布）110cm 寬 × 70cm
・裡布（格子棉布）110cm 寬 × 45cm
・接著襯（薄／AM-F1）110cm 寬 ×70cm
・磁釦
（直徑 1.4cm ／ INAZUMA AK-25-14-AG）1 組

原寸紙型

A面　紅線　▭　紙型張數／**6**張

袋身・裡袋身／口袋／底・裡底／提把
側身・裡側身／貼邊

[紙型作法提醒]

袋身 & 裡袋身紙型須分開描畫。

[縫製前的準備]

1. 在布料上描畫裁切線後剪下。
2. 畫上完成線（縫線）記號。
3. 燙貼接著襯（袋身／底／貼邊／側身／提把）。

[裁布圖]

▭ =須燙貼接著襯

[作法]

1 袋身 & 裡袋身縫製尖褶。

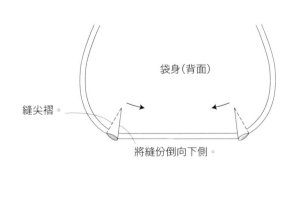

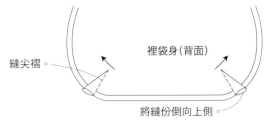

[完成尺寸]

2 縫製口袋口＆接縫於側身。

①摺疊口袋口布邊。

②沿0.2cm處車縫。

口袋（背面）

略鬆

側身（正面）

③疊於側身上，在縫份內車縫固定。

口袋（正面）

3 縫合底＆側身。

內摺縫份。

側身（背面）

車縫。

側身（正面）

口袋

底（背面）

車縫。

4 縫合裡底＆裡側身。

裡側身（背面）

裡側身（正面）

車縫。

裡底（背面）

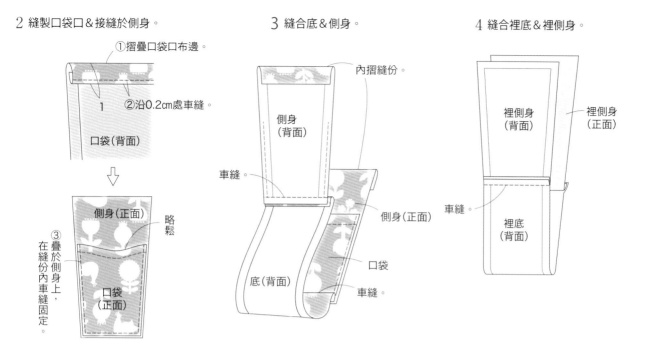

5 製作提把。

②對摺。

①內摺1cm。

a

③0.1cm處車縫。

2.5

6 以袋身＆貼邊包夾提把，車縫固定。

②袋身＆貼邊剪牙口。

①車縫。

使a位於外側。

a

僅袋身剪牙口

貼邊（背面）

袋身（正面）

提把

7 縫合袋身＆側身。

①翻至正面。

貼邊（正面）

翻開。

袋身（背面）

側身（背面）

車縫。

②車縫。

③摺疊縫份。

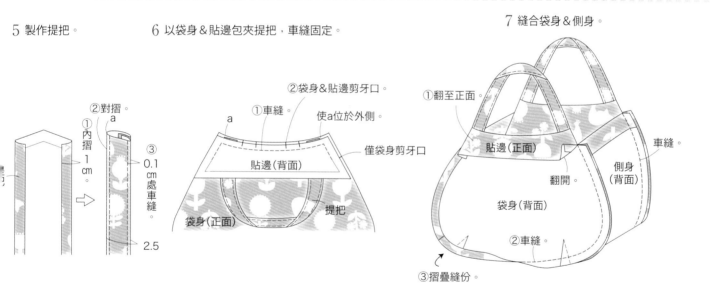

8 縫合裡袋身＆裡側身。

裡側身（背面）

裡袋身（背面）

車縫。

9 裡袋身翻至正面，與袋身接縫並安裝磁釦即完成。

①沿袋口邊緣車縫一圈。

0.2

2

②套疊裡袋身。

③內摺縫份後縫合。

裡袋身（正面）

④安裝磁釦。

裡側身

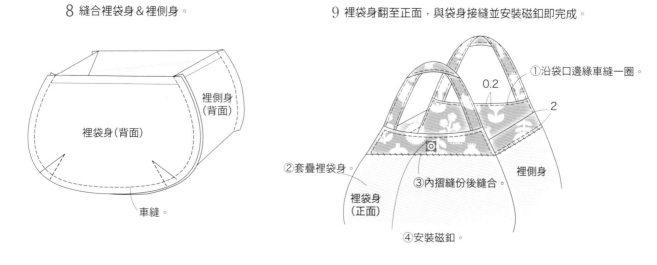

竹提把祖母包

可愛復古風的祖母包。在素色布料中央縫上蒂羅爾風緞帶，
成品就足夠活潑迷人。緞帶兩側還可加上蕾絲的細節點綴
唷！

●提把／INAZUMA
●設計 ・ 製作＝三田智惠子（FRANCESCA）

作法⇒ P.64

no.5

寬幅的側身，使收納空間相當充裕。

表裡翻面，秒變碎花包！可依心情選用當下喜歡的花色也很令人開心。

雙面兩用打褶包

以綠色亞麻布縫製的圓形打褶包。簡單加上花朵蕾絲裝飾，就很有質感。

●設計・製作＝三田智惠子（FRANCESCA）

作法⇒ P.12

材料
・表布（亞麻布）110cm 寬 × 65cm
・裡布（印花棉布）105cm 寬 × 35cm
・接著襯（薄）110cm 寬 × 65cm
・蕾絲花片（直徑 9cm）1 片

[裁布圖]

□ =須燙貼接著襯

表布

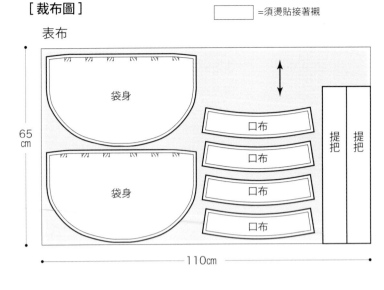

裡布

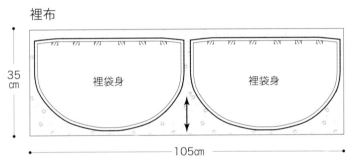

原寸紙型

A 面 藍線 ——— 紙型張數／3張

袋身・裡袋身／口布／提把

[縫製前的準備]

1. 在布料上描畫裁切線後剪下。
2. 畫上完成線（縫線）記號。
3. 燙貼接著襯（袋身／口布／提把）。

[完成尺寸]

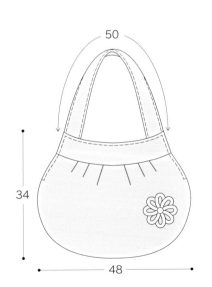

[作法]　1 摺出褶襉後車縫固定，再縫上蕾絲。

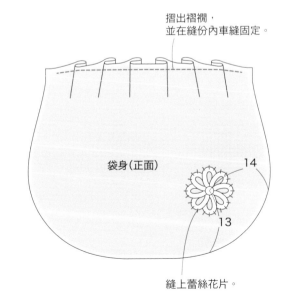

摺出褶襉，
並在縫份內車縫固定。

袋身（正面）

14

13

縫上蕾絲花片。

2 縫合袋身＆口布。

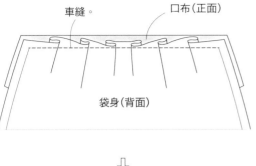

車縫。
口布（正面）
袋身（背面）

口布（背面）
袋身（背面）
縫份倒向口布側。

3 疊合2片袋身，縫合周邊。

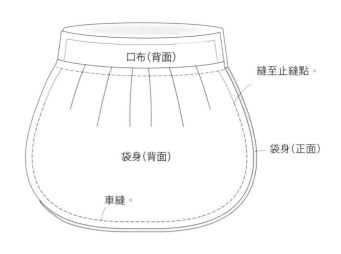

口布（背面）
縫至止縫點。
袋身（背面）
袋身（正面）
車縫。

4 內摺縫份，翻至正面。

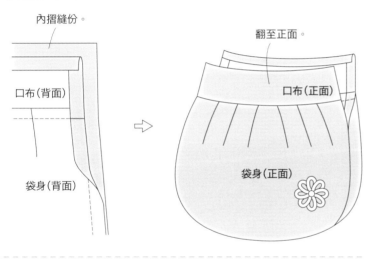

內摺縫份。
口布（背面）
袋身（背面）
翻至正面。
口布（正面）
袋身（正面）

5 製作提把。

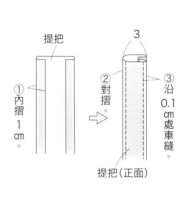

提把
3
①內摺1cm。
②對摺。
③沿0.1cm處車縫。
提把（正面）

6 縫合裡袋身＆口布，內摺縫份。

②內摺縫份。
口布（正面）
①縫合。
裡袋身（正面）

7 放入裡袋身＆夾入提把，縫合袋口即完成。

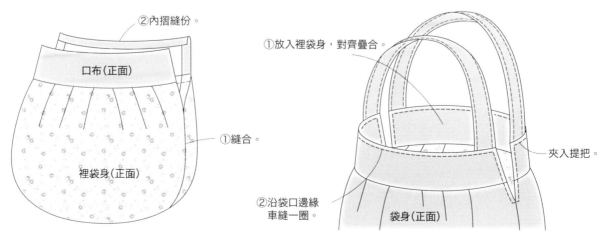

①放入裡袋身，對齊疊合。
夾入提把。
②沿袋口邊緣車縫一圈。
袋身（正面）

波浪邊扁平包

可愛波浪邊的小提包。

以鮮豔的紅色，成為簡單吸睛的亮點。

●製作＝金丸かほり

作法⇒ P.67

裡布使用紅色格子布。

no.7

荷葉邊手提包

黑白格子 × 荷葉邊，營造出大人系的可愛感。底部為橢圓形，更方便收納。

●製作＝金丸かほり

作法⇒ P.16

no.8

[裁布圖]

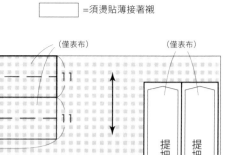

□ =須燙貼厚接著襯
□ =須燙貼薄接著襯

材料

・表布（格子棉布）110cm 寬 × 55cm
・裡布（棉布）85cm 寬 × 30cm
・接著襯（薄／AM-F1）110cm 寬 × 45cm
・接著襯（厚／AM-W4）25cm 寬 × 10cm

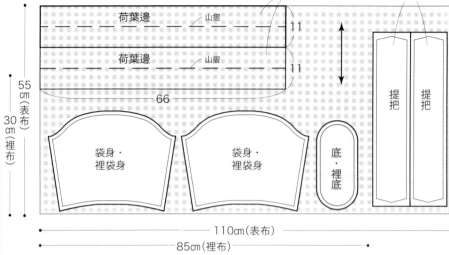

表布・裡布

荷葉邊　山摺　（僅表布）　（僅表布）

荷葉邊　山摺　11

66　11

55cm（表布）
30cm（裡布）

袋身・裡袋身　袋身・裡袋身　底・裡底　提把　提把

110cm（表布）
85cm（裡布）

※底燙貼接著襯，裡底燙貼厚接著襯。

原寸紙型

C 面　紅線　□

紙型張數／3張

袋身・裡袋身／底・裡底／提把

[紙型作法提醒]

提把須自紙型摺雙記號處，反轉紙型後接續描畫。
荷葉邊無紙型，於布面上直線畫記&裁剪即可。

[縫製前的準備]

1. 在布料上描畫裁切線後剪下。
2. 畫上完成線（縫線）記號。
3. 燙貼薄接著襯（袋身／底／提把）。
　 裡底燙貼厚接著襯。

[完成尺寸]

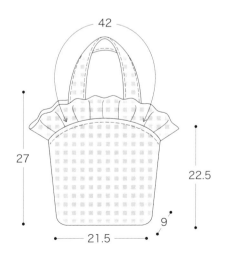

42

27

22.5

9

21.5

[作法]

1 縫合荷葉邊布的兩脇邊後，對摺&平針縮縫，抽拉褶皺。

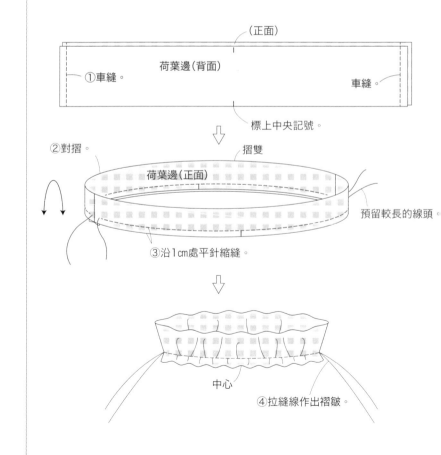

（正面）

①車縫。　荷葉邊（背面）　車縫。

標上中央記號。

②對摺。　摺雙

荷葉邊（正面）

預留較長的線頭

③沿1cm處平針縮縫。

中心

④拉縫線作出褶皺。

2 縫合袋身兩脇邊＆包底。

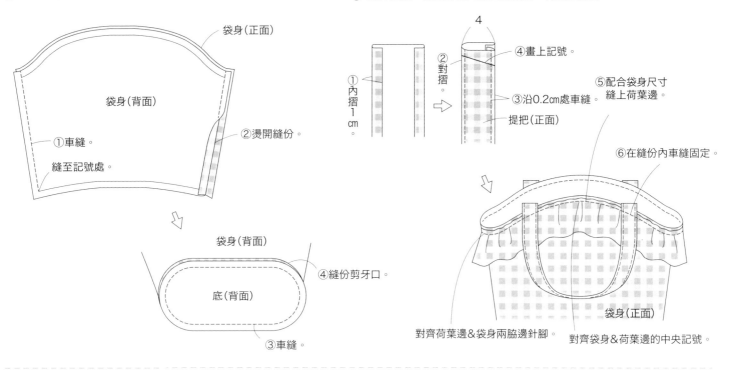

袋身（正面）

袋身（背面）

①車縫。

縫至記號處。

②燙開縫份。

袋身（背面）

④縫份剪牙口。

底（背面）

③車縫。

3 製作提把。在袋身袋口縫上荷葉邊，再縫上提把。

4

①內摺1cm。

②對摺。

④畫上記號。

②對摺。

③沿0.2cm處車縫。

提把（正面）

⑤配合袋身尺寸縫上荷葉邊。

⑥在縫份內車縫固定。

袋身（正面）

對齊荷葉邊＆袋身兩脇邊針腳。

對齊袋身＆荷葉邊的中央記號。

4 疊合裡袋身，車縫兩脇邊。

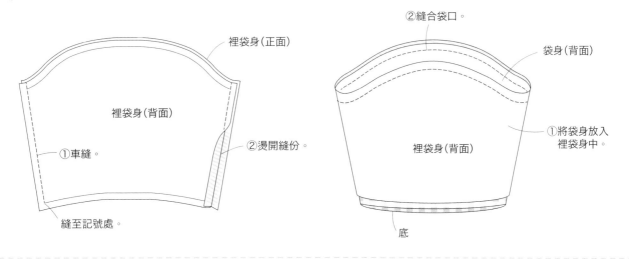

裡袋身（正面）

裡袋身（背面）

①車縫。

②燙開縫份。

縫至記號處。

5 套疊袋身＆裡袋身後，縫合袋口。

②縫合袋口。

袋身（背面）

裡袋身（背面）

①將袋身放入裡袋身中。

底

6 翻至正面，袋口車縫壓線。

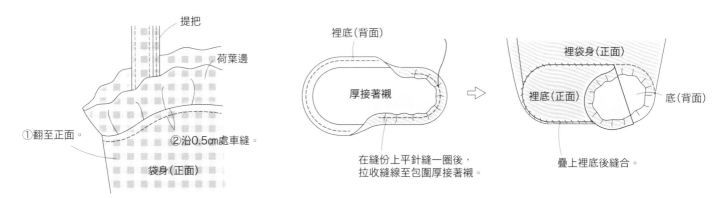

提把

荷葉邊

①翻至正面。

②沿0.5cm處車縫。

袋身（正面）

7 製作裡底，與底重疊縫合即完成。

裡底（背面）

厚接著襯

在縫份上平針縫一圈後，拉收縫線至包圍厚接著襯。

裡袋身（正面）

裡底（正面）

底（背面）

疊上裡底後縫合。

圓扁包

圓柔的輪廓極具女性的溫婉氣質，帶光澤變化的布料則提升
了時尚感。作為派對包，肯定也會相當亮眼。

●設計・製作＝富山朋子（popo）

作法⇒ P.20

圓蓬蓬手提包

可愛的圓蓬蓬手提包是由4片含提把的布片拼接而成。簡單的
作法，讓人不禁想要嘗試變化不同布料多作幾個。

●布料／COSMO TEXTILE

　印花布（KP9057-2C）格子布（AY4444-9L）

●製作＝加藤容子

作法⇒ P.21

no.10

[裁布圖]

□ =須燙貼接著襯

表布・裡布

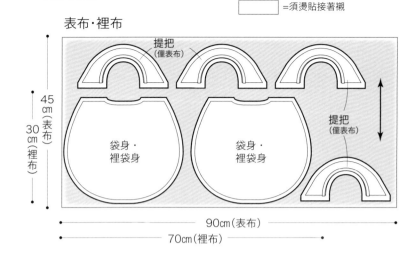

45cm（表布）
30cm（裡布）

提把（僅表布）
提把（僅表布）

袋身・裡袋身
袋身・裡袋身

提把（僅表布）

90cm（表布）
70cm（裡布）

材料

・表布（起毛布）90cm 寬 × 45cm
・裡布（棉布）70cm 寬 × 30cm
・接著襯（厚）90cm 寬 × 20cm

原寸紙型

D 面　紅線 ◦——◦ 紙型張數／2張

袋身・裡袋身／提把

[縫製前的準備]

1. 在布料上描畫裁切線後剪下。
2. 畫上完成線（縫線）記號。
3. 燙貼接著襯（僅提把內側）。

[完成尺寸]

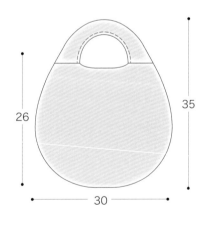

26
35
30

[作法]　1 疊合 2 片提把，車縫外側邊。翻至正面，再車縫內側邊。

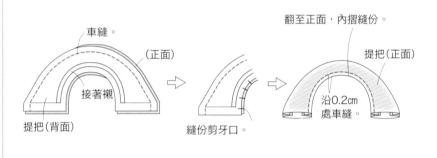

車縫。
（正面）
接著襯
提把（背面）
翻至正面，內摺縫份。
提把（正面）
沿0.2cm處車縫。
縫份剪牙口。

2 車縫袋身周邊。

袋身（正面）
袋身（背面）
車縫。

3 車縫裡袋身周邊。

裡袋身（正面
裡袋身（背面）
預留返口。
車縫。

4 袋身翻至正面，縫上提把。套疊裡袋身後，縫合袋口。

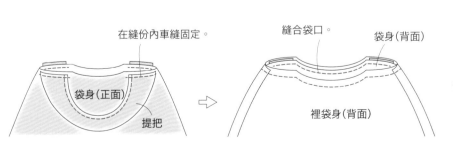

在縫份內車縫固定。
袋身（正面）
提把
縫合袋口。
袋身（背面）
裡袋身（背面）

5 翻至正面，縫合返口即完成。

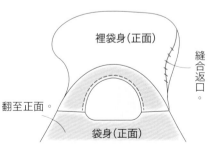

裡袋身（正面）
縫合返口。
翻至正面。
袋身（正面）

材料
・表布（棉麻印花布）90cm 寬 × 50cm
・裡布（格子棉布）90cm 寬 × 50cm
・兩摺斜布條（1.1cm 寬 × 200cm）
・接著襯（薄／AM-F1）90cm 寬 × 50cm

原寸紙型

A 面　藍線 ●——●　紙型張數／1張
袋身・裡袋身

[縫製前的準備]
1. 在布料上描畫裁切線後剪下。
2. 畫上完成線（縫線）記號。
3. 燙貼接著襯（袋身）。

[完成尺寸]

至底部約46cm
36

[裁布圖]

表布・裡布
▢ ＝須燙貼接著襯

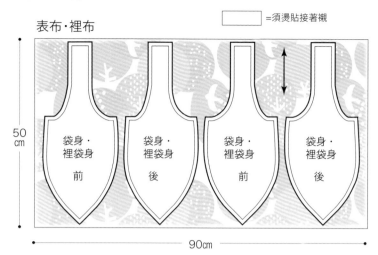

50cm
90cm

袋身・裡袋身　前　後

[作法]

1 前・後片各自正面相對疊合＆車縫中心線。

2 前・後袋身疊合＆車縫周邊。

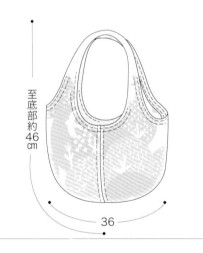

前　後　車縫中心線　車縫至記號處。

②連續車縫周邊　①燙開中心線縫份。　※以相同作法縫製裡袋身。

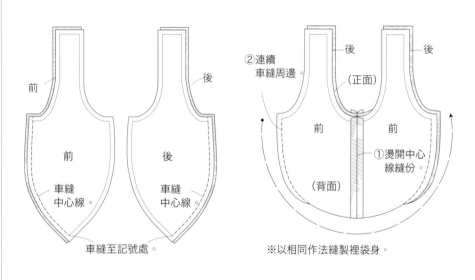

3 裡袋身放入裡袋身中，沿針腳兩側車縫。

4 車縫提把，再疊合裡袋身車縫。

5 袋口＆提把邊緣以斜布條滾邊，完成。

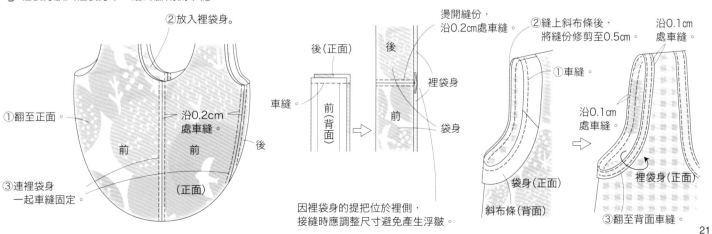

①翻至正面。②放入裡袋身。沿0.2cm處車縫。③連裡袋身一起車縫固定。前　後（正面）

因裡袋身的提把位於裡側，接縫時應調整尺寸避免產生浮皺。

荷葉邊束口單肩包

造型獨特的束口單肩包，周圍有薄紗材質荷
葉邊，看起來就像是飄在海中的水母。將綠
色緞帶打蝴蝶結，就能漂亮地收束袋口。

●設計 ・ 製作 =Mono

作法⇒ P.24

no.11

狐狸包

似乎會很引人注目的狐狸臉造型手提包。車縫線的眼睛,簡單又可愛;鼻子也是直接縫上剪好的三角片即可。耳朵因塞入了鋪棉,所以不會軟塌。

●設計 · 製作 =Mono

作法⇒ P.26

no.12

材料

- 表布（素色亞麻布）90cm 寬 × 45cm
- 裡布（棉布）80cm 寬 × 30cm
- 薄紗蕾絲（素色）100cm 寬 × 28cm
- 接著襯（薄）80cm 寬 × 45cm
- 緞帶（1.5cm 寬）240cm
- 圓繩（直徑 0.5cm）135cm

原寸紙型

A 面　紫線 ✕──✕　紙型張數／3張

袋身・裡袋身／口布／吊耳

※荷葉邊無紙型，請依標示尺寸直線裁剪。

[縫製前的準備]

1. 在布料上描畫裁切線後剪下。
2. 畫上完成線（縫線）記號。
3. 燙貼接著襯（袋身／口布／吊耳）。

[裁布圖]

□ =須燙貼接著襯

表布・裡布

口布(僅表布)　口布(僅表布)

袋身・裡袋身　袋身・裡袋身

吊耳(僅表布)

45cm(表布)　30cm(裡布)

90cm(表布)　80cm(裡布)

荷葉邊 1片

薄紗蕾絲　山摺

無縫份

28cm　100cm

[完成尺寸]

30　35

[作法]

1 依圖示摺疊荷葉邊，再以平針縮縫作出褶皺。

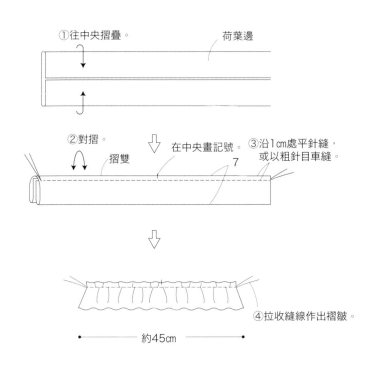

①往中央摺疊。　荷葉邊

②對摺。　摺雙　在中央畫記號。　③沿1cm處平針縫，或以粗針目車縫。　7

④拉收縫線作出褶皺。

約45cm

2 縫製吊耳。

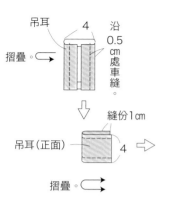

吊耳
摺疊。→
沿0.5cm處車縫

縫份1cm
吊耳(正面)
4
摺疊。→

3 將袋身縫上荷葉邊&吊耳。

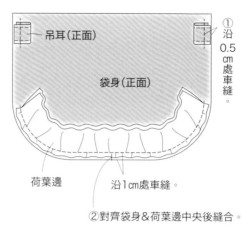

吊耳(正面)
①沿0.5cm處車縫。
袋身(正面)
荷葉邊
沿1cm處車縫。
②對齊袋身&荷葉邊中央後縫合。

4 縫製口布兩側邊後,對摺&車縫穿繩通道。

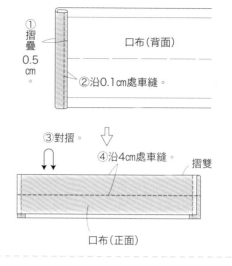

①摺疊0.5cm。
口布(背面)
②沿0.1cm處車縫。
③對摺。
④沿4cm處車縫。
摺雙
口布(正面)

5 疊合2片袋身,沿周邊縫合後,縫上口布。

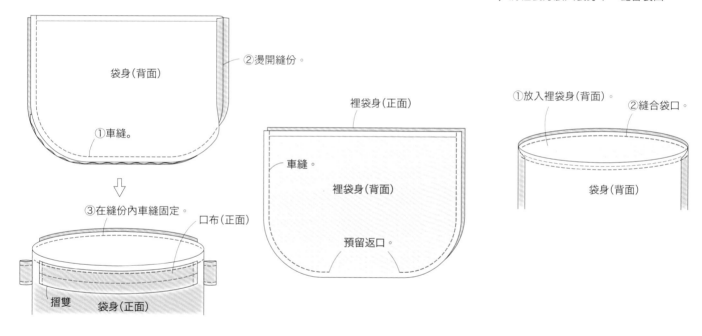

②燙開縫份。
袋身(背面)
①車縫。
③在縫份內車縫固定。
口布(正面)
摺雙
袋身(正面)

6 疊合2片裡袋身並沿周邊縫合。

裡袋身(正面)
車縫。
裡袋身(背面)
預留返口。

7 將裡袋身放入袋身中,縫合袋口。

①放入裡袋身(背面)。
②縫合袋口。
袋身(背面)

8 翻至正面,袋口車縫壓線。

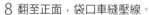

口布
②沿0.5cm處車縫。
袋身(正面)
①翻至正面,縫合返口。

9 穿入緞帶&圓繩。

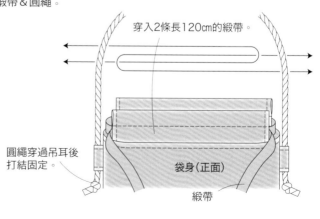

穿入2條長120cm的緞帶。
圓繩穿過吊耳後打結固定。
袋身(正面)
緞帶

材料
・A布（土黃色帆布）75cm 寬 × 65cm
・B布（原色帆布）55cm 寬 × 45cm
・C布（金蔥布）30cm 寬 × 10cm
・裡布（棉布）110cm 寬 × 35cm
・貼布繡布（素色棉布）少許
・鋪棉（薄）30cm 寬 × 10cm

原寸紙型

C 面　　紫線 ——————— 紙型張數／4張

袋身／裡袋身／耳／提把

[裁布圖]

A布・B布

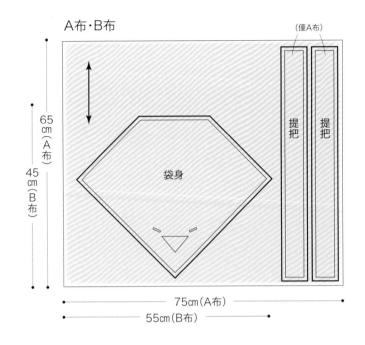

C布・鋪棉

裡布

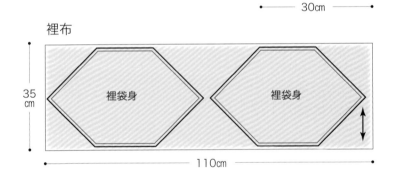

[縫製前的準備]
1. 在布料上描畫裁切線後剪下。
2. 畫上完成線（縫線）記號。

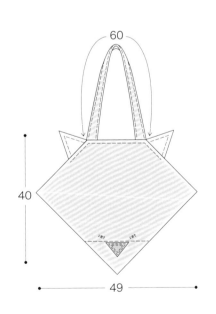

[作法]　　1 疊上鋪棉縫製耳朵，翻至正面車縫壓線。

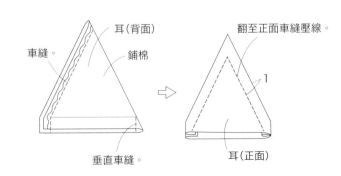

2 製作提把。

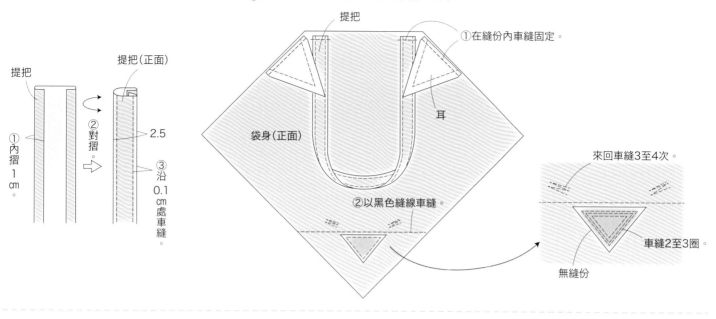

① 內摺 1 cm。

② 對摺

提把（正面）

2.5

③ 沿 0.1 cm 處車縫。

3 將袋身縫上眼、鼻，並縫上提把＆耳朵。

提把

① 在縫份內車縫固定。

耳

袋身（正面）

② 以黑色縫線車縫。

來回車縫3至4次。

車縫2至3圈。

無縫份

4 疊合 2 片袋身，沿周邊縫合。

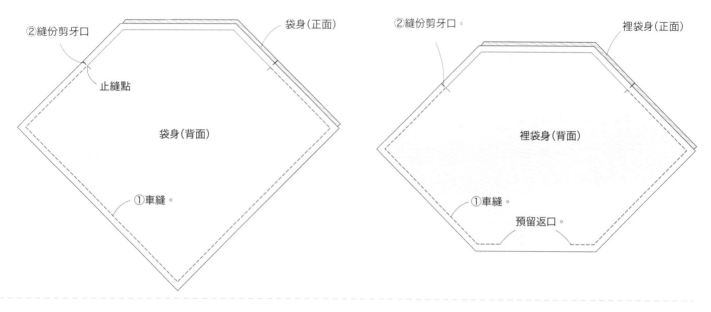

② 縫份剪牙口

止縫點

袋身（正面）

袋身（背面）

① 車縫。

5 疊合 2 片裡袋身，沿周邊縫合。

② 縫份剪牙口。

裡袋身（正面）

裡袋身（背面）

① 車縫。

預留返口。

6 裡袋身放入袋身中，縫合。

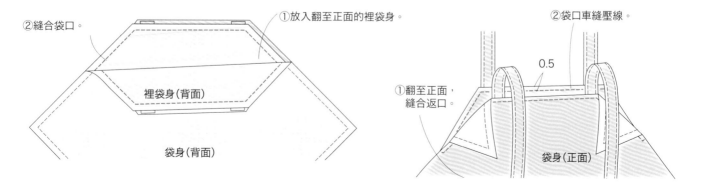

② 縫合袋口。

① 放入翻至正面的裡袋身。

裡袋身（背面）

袋身（背面）

7 翻至正面後，袋口車縫壓線即完成。

② 袋口車縫壓線。

0.5

① 翻至正面，縫合返口。

袋身（正面）

斜背包

掀蓋式經典款斜背包。以印花袋身搭配素色
掀蓋，表現簡潔的美感。特意加大的尖褶，
則擴增了收納容量。

●提把・磁釦／INAZUMA

●製作＝加藤容子

作法⇒ P.65

no.13

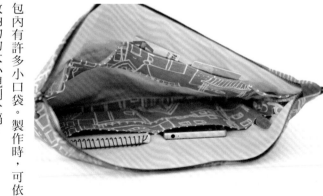

作法⇒ P.30

包內有許多小口袋。製作時，可依收納物的大小規劃分隔。

調整提把長度，即可自由變化斜背或肩背！

2WAY 手拿包

2WAY 手拿包，將袋口單側作成圓角的設計，拉鍊更好開關。作為手拿包時，可將吊繩掛在手腕上使用。或將市售背帶扣接兩側 D 型環，就變身成了小肩包。

●設計 · 製作＝豬俣友紀（neige+）

材料

・A布（印花帆布）90cm 寬 × 45cm
・B布（印花帆布）40cm 寬 × 25cm
・C布（印花棉布）40cm 寬 × 15cm
・裡布（厚棉布）80cm 寬 × 30cm
・接著鋪棉（薄）80cm 寬 ×30cm
・拉鍊（35cm）1 條
・D型環（內徑 1.8cm）2 個
・背帶 1 條
・附 D 型環間號鉤（1.5cm）1 個
・滾邊斜布條（1.3cm 寬）60cm

[裁布圖]

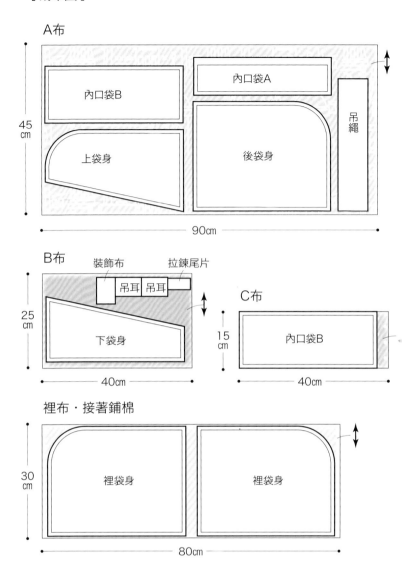

A布

內口袋B

內口袋A

吊繩

上袋身

後袋身

45cm

90cm

B布　裝飾布　拉鍊尾片

吊耳　吊耳

下袋身

25cm

40cm

C布

內口袋B

15cm

40cm

裡布・接著鋪棉

裡袋身　裡袋身

30cm

80cm

原寸紙型

A 面　藍線 ○───○　紙型張數／**9張**

上袋身／下袋身／後袋身・裡袋身／內口袋A／
內口袋B／吊繩／裝飾布／吊耳／拉鍊尾片

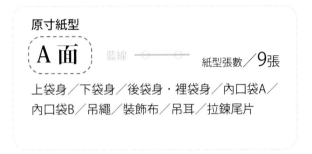

[縫製前的準備]

1. 在布料上描畫裁切線後剪下。
2. 畫上完成線（縫線）記號。
3. 準備與裡袋身相同大小（完成線尺寸）的接著鋪棉。

[完成尺寸]

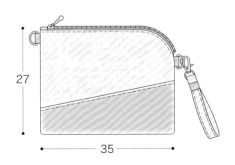

27

35

[作法]

1 摺疊＆車縫內口袋 A 的口袋口。

①內摺1cm。

內口袋A

②沿0.2cm處車縫。

2 接縫內口袋 B。翻至正面，在口袋口車縫壓線。

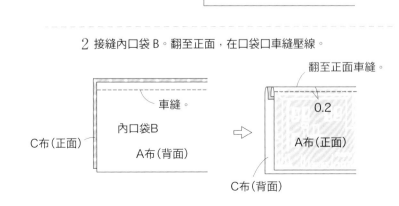

翻至正面車縫。

車縫。

內口袋B

C布（正面）

A布（背面）

0.2

A布（正面）

C布（背面）

3 內口袋 A・B 置於裡袋身上，車縫底邊＆分隔線。

4 縫合上袋身＆下袋身，並燙貼鋪棉。

②在縫份內車縫。
⑦內摺縫份後車縫。
③車縫分隔線。
內口袋A（正面）
0.2
裡袋身（正面）
0.2
⑥拉鍊位置剪牙口。
①內摺縫份後車縫。
⑤車縫分隔線。
C布
內口袋B
④在縫份內車縫。

④貼上完成線尺寸的鋪棉。
上袋身（正面）
①車縫
②縫份倒向下側。
③沿0.2cm處車縫。
下袋身（正面）

5 拉鍊縫上尾片後，與袋身接縫。製作吊耳，並縫在袋身上。再接縫裡袋身。

6 各自疊合袋身、裡袋身，車縫底部。

對摺拉鍊尾片。
摺雙
①沿0.5cm處車縫。（正面）
吊耳
③往中央摺疊。
④對摺。
⑤沿0.2cm處車縫。
⑥穿過D型環。 縫份1cm

①連同拉鍊尾片一起車縫。
②連同拉鍊尾片一起車縫。
⑦在縫份內車縫。
吊耳
拉鍊（背面）
袋身（正面）

裡袋身 ⑨接縫 裡袋身
⑧沿0.2cm處車縫。
車縫拉鍊另一側。
袋身（正面） 袋身（正面）

袋身（正面）
車縫。
袋身（背面）
底
裡袋身（正面）
裡袋身（背面）
底
從此處翻面。
車縫。

8 製作吊繩，完成。

吊繩
①往中央摺疊。
②對摺。
③沿0.2cm處車縫。
④穿過問號鉤。
⑤沿0.5cm處車縫。
⑥往中央摺疊。
裝飾布
對合兩端。
3
⑦捲上裝飾布後車縫。

7 車縫袋身脇邊，以斜布條包覆縫份。

打開拉鍊。
同時車縫4片。
裡袋身（正面）
車縫。

內摺0.5cm。
車縫。
裡袋身（正面）
斜布條（背面）
沿0.2cm處車縫。
包覆縫份。

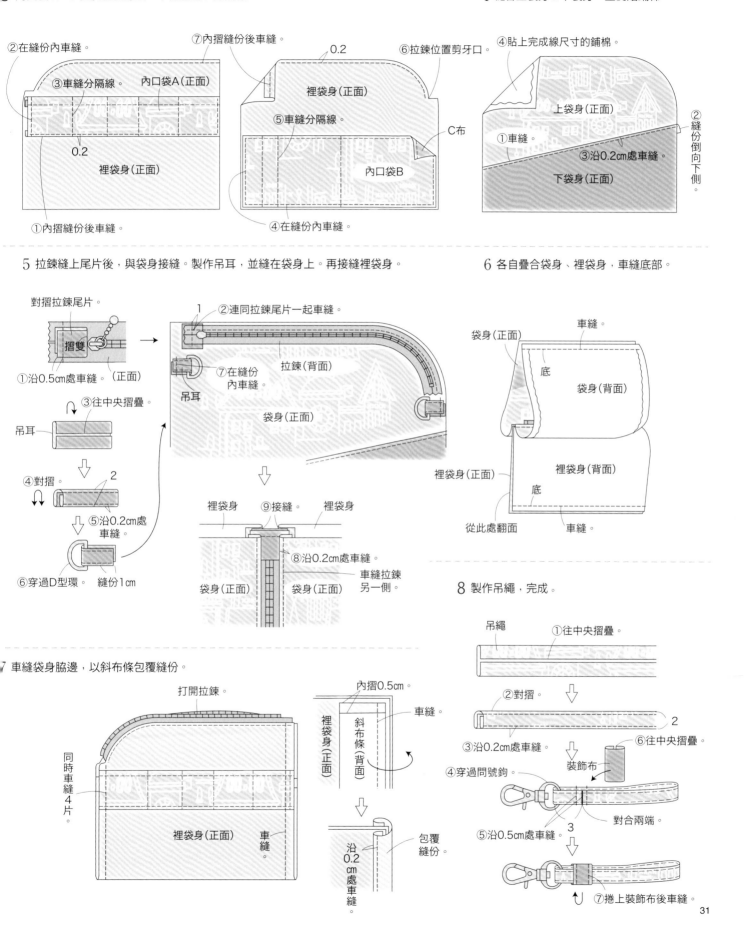

Sacoche 隨身包

可放入最少必備品的小型隨身包,非常方便。
Sacoche 來自法文,原指自行車賽中使用的配
件。外側附有方便的口袋,袋口下摺即成為袋
蓋的設計,使用起來簡單又順手。

●設計 ・ 製作 = 富山朋子(popo)

作法⇒ P.68

no.15

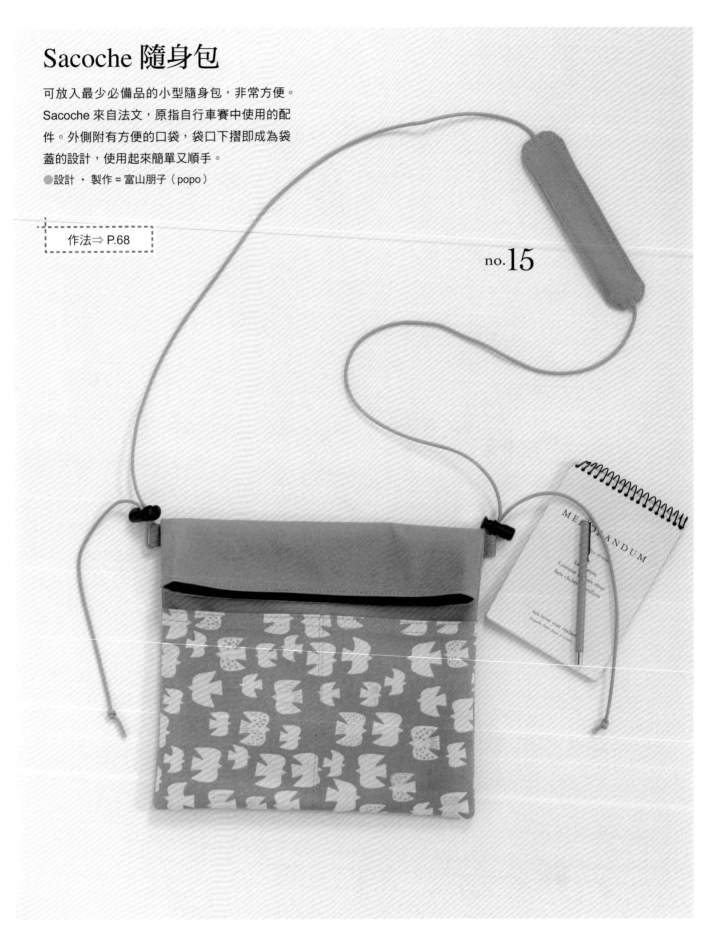

郵差包

適合騎乘自行車時使用的郵差包。藉
由圓環可調整背帶長度。簡單的原色
帆布，隨意裝飾上一個別針就很有質
感。

●圓環／角田商店
●設計 ・ 製作＝富山朋子（popo）

作法⇒ P.34

no.16

三角形翻摺固定的側身設計。

[裁布圖]

材料

- 表布（帆布）105cm 寬 × 120cm
- 圓環（直徑6cm）2 個
- 磁釦（直徑1.8cm）1 組
- 人字帶（2.5cm 寬）100cm
- 布用雙面膠（0.5cm 寬）30cm

原寸紙型

C 面　藍線 ●━━● 紙型張數／**6張**

袋身／掀蓋／底／內口袋／背帶／吊耳

[紙型作法提醒]

袋身 & 裡袋身紙型須分開描畫。

[縫製前的準備]

1. 在布料上描畫裁切線後剪下。
2. 畫上完成線（縫線）記號。

表布

底

掀蓋

肩繩　肩繩

袋身

吊耳

內口袋

120cm

105cm

[完成尺寸]

24

35　13

[作法]

1 包底重疊於袋身上縫合。

①內摺縫份後置於袋身上。

③沿0.2cm處車縫。

底（正面）

②車縫中心線。

袋身（正面）

2 縫製內口袋，並縫上人字帶。

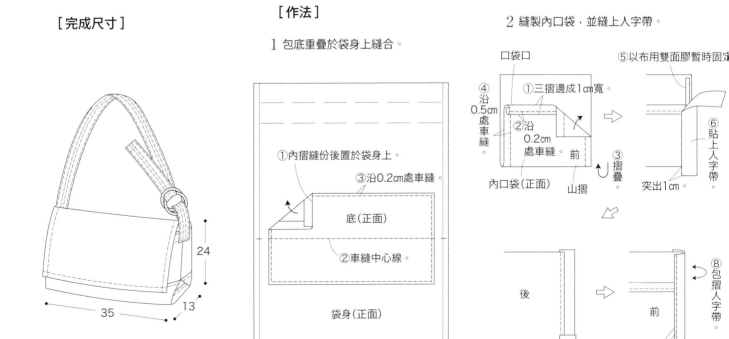

口袋口

④沿0.5cm處車縫。

①三摺邊成1cm寬。

②沿0.2cm處車縫。

前

內口袋（正面）　山摺

③摺疊。

⑤以布用雙面膠暫時固定。

⑥貼上人字帶。

突出1cm。

後

前

⑦摺疊。

⑧包摺人字帶。

⑨沿0.1cm處車縫。

3 將內口袋夾入袋口摺邊之間，車縫袋口。

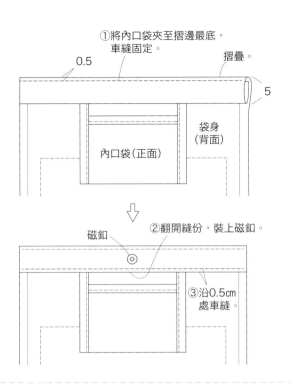

①將內口袋夾至摺邊最底，車縫固定。
0.5
摺疊。
5
袋身（背面）
內口袋（正面）

磁釦
②翻開縫份，裝上磁釦。
③沿0.5cm處車縫。

4 縫製掀蓋，與袋身縫合。

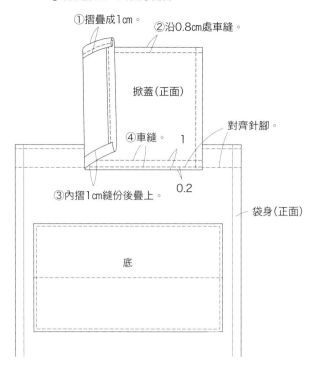

①摺疊成1cm。
②沿0.8cm處車縫。
掀蓋（正面）
④車縫。
1
對齊針腳。
0.2
③內摺1cm縫份後疊上。
袋身（正面）
底

5 摺疊袋身底部，車縫兩脇邊。

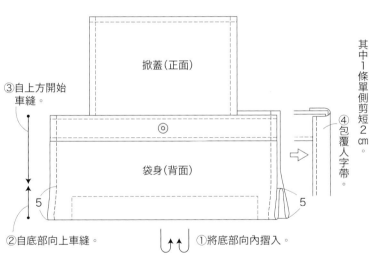

③自上方開始車縫。
掀蓋（正面）
袋身（背面）
④包覆人字帶。
5
5
②自底部向上車縫。
①將底部向內摺入。

6 摺疊 2 條肩繩，再疊合車縫。

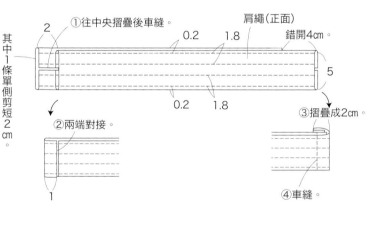

其中1條單側側剪短2cm。
2
①往中央摺疊後車縫。
0.2 1.8
肩繩（正面）
錯開4cm。
5
0.2 1.8
③摺疊成2cm。
②兩端對接。
1
④車縫。

7 摺疊&車縫吊耳，並穿入圓環。將肩繩&吊耳縫在袋身即完成。

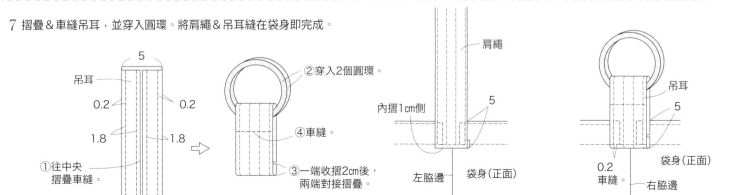

5
吊耳
0.2 0.2
1.8 1.8
①往中央摺疊車縫。
②穿入2個圓環。
④車縫。
③一端收摺2cm後，兩端對接摺疊。
肩繩
內摺1cm側
5
左脇邊
袋身（正面）
吊耳
5
0.2車縫
袋身（正面）
右脇邊

後背托特包

手提袋口的短提把，後背包秒變托特包！簡單搭配不失敗的雙色設計，可顯現出布包主人的個性色彩。兩側的帆布繩可調整包包的收納空間，無論行李多寡都能輕鬆收納。

壓克力棉織帶 ‧ 方型環 ‧ 日型環 ‧ D 型環／ INAZUMA
設計 ‧ 製作＝富山朋子（popo）

作法⇒ P.69

一日包

擁有充足收納容量的一日包，很適合健行或戶外活動時使用。外口袋的立體空間設計，放置任何隨身物品都 OK。

●後背包背帶組 ・ 豬鼻子飾片／ INAZUMA
●製作 = 金丸かほり

作法⇒ P.72

no.18

作法⇒ P.72

縫上市售背帶組即完成，
製作方法超簡單的一日包。

帽子／ Torcere（MOONBAT）

6片拼布日式束口袋

挑選 6 片最愛的布料，拼接成球狀束口袋。可作為
包中包使用，收納零散的小物品。

●製作＝金丸かほり

作法⇒ P.40

以緞帶包夾束口繩兩端，不僅可愛也方便手提。

no.19

no.20

no.21

拉繩兩端裝飾上同布料製作的可愛小布花。

荷葉邊日式束口袋

以輕飄飄的荷葉邊，營造出浪漫氛圍。只要選用較薄的布料，就能作出漂亮的荷葉邊。

●製作＝渋澤富砂幸

作法⇒ P.41

材料
- A布（印花棉布）20cm 寬 × 20cm
- B布（印花棉布）20cm 寬 × 20cm
- C布（印花棉布）20cm 寬 × 20cm
- D布（素色棉布）25cm 寬 × 15cm
- 裡布（棉布）60cm 寬 × 20cm
- 圓繩（粗 0.3cm）110cm
- 緞帶（1.5cm 寬）10cm

原寸紙型

D 面　紫線 ▨　紙型張數／2張

袋身・裡袋身／口布

[裁布圖]

A布至C布
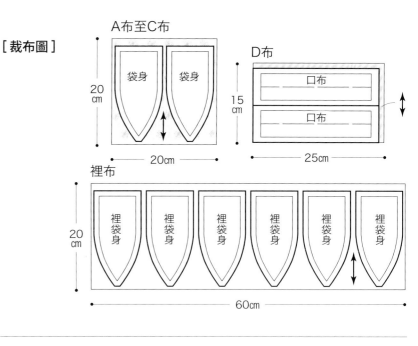

D布

裡布

[縫製前的準備]
1. 在布料上描畫裁切線後剪下。
2. 畫上完成線（縫線）記號。

[完成尺寸]

至底部約19cm
21

[作法]　1 以3片袋身為1組進行接縫，製作2組後縫合。

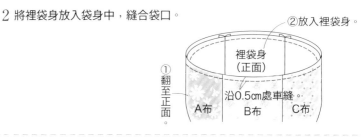

① 車縫。
② 車縫。
③ 燙開縫份。
車縫至記號處。
※以相同作法縫製裡袋身。

2 將裡袋身放入袋身中，縫合袋口。

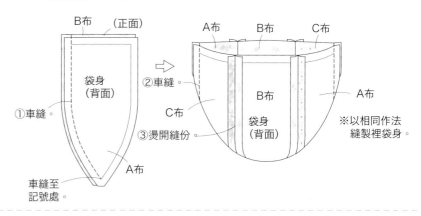

①翻至正面。
②放入裡袋身。
沿0.5cm處車縫。

3 車縫口布兩脇邊後，接縫於袋口。

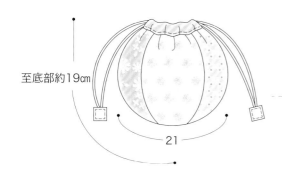

①摺疊成0.5cm
②車縫。
口布（背面）0.1
③沿袋口車縫。
對齊脇邊。
⑧沿0.1cm處車縫。
口布（背面）
袋身（正面）

4 摺疊並車縫口布，穿入圓繩＆縫上裝飾緞帶即完成。

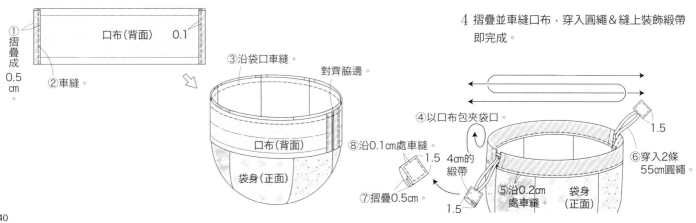

④以口布包夾袋口。
4cm的緞帶
⑦摺疊0.5cm。
⑤沿0.2cm處車縫。
袋身（正面）
⑥穿入2條55cm圓繩
1.5

[裁布圖]

表布

袋身　袋身

裝飾
裝飾

荷葉邊

35cm

70cm

材料
- 表布（印花棉布）70cm 寬 × 35cm
- 圓繩（粗 0.3cm）90cm

原寸紙型

D面　藍線　　　紙型張數／**3**張

袋身／荷葉邊／裝飾

[縫製前的準備]

1. 在布料上描畫裁切線後剪下。
2. 畫上完成線（縫線）記號。

[完成尺寸]

20

16

4 穿入圓繩。

穿入2條45cm圓繩。

袋身（正面）

[作法]

1 對摺荷葉邊後平針縫，抽拉褶皺再與袋身縫合。

平針縫。

摺雙　　荷葉邊

約40　　拉縫線。

摺雙

袋身（正面）

荷葉邊

車縫。

2 車縫袋身周邊。

止縫點

袋身（背面）

（正面）

①車縫。

3 縫製穿繩口，摺疊袋口布邊後車縫。

②內摺1cm。

③沿0.5cm處車縫。

回縫加強固定。

⑥Z字車縫。

④摺疊

⑤沿0.2cm處車縫。

5 縫上繩端裝飾即完成。

裝飾（背面）

①沿0.5cm處車縫。

4

②將圓繩打結。

④沿0.5cm處平針縫。

2.5

③內摺0.5cm。

⑤穿入圓繩，拉緊縫線。

⑥翻起。

⑦稍微挑縫4點。

⑧拉緊縫線。

立體袋型的設計，讓小波奇包也有收納力。

no.22

4 片拼布波奇包

印花 × 素色的組合，大人系質感滿分！立體三角的
特殊造型，尺寸大小也方便抓取。

●製作＝渋澤富砂幸

作法⇒ P.76

雙拉鍊收納包

小清新風圓點手拿包。雙拉鍊設計，提升了收納空間的機能性。周邊則以人字帶滾邊。

●製作＝渋澤富砂幸

作法⇒ P.44

no.23

[裁布圖]

材料

- 表布（印花棉布）45cm 寬 × 35cm
- 裡布（棉布）45cm 寬 × 35cm
- 接著襯（薄／AM-F1）45cm 寬 × 35cm
- 拉鍊（20cm）2 條
- 人字帶（1.5cm 寬）105cm

※在此使用可以剪刀裁剪的拉鍊。

原寸紙型

D 面　紫線　✕━━━✕　紙型張數／**3**張

袋身・裡袋身／口袋・裡口袋／側身・裡側身

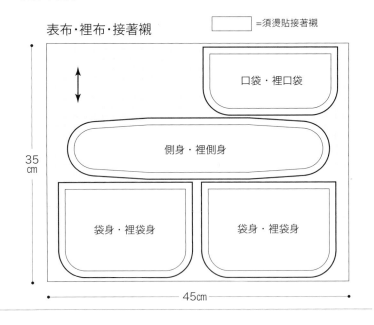

表布・裡布・接著襯

□ ＝須燙貼接著襯

口袋・裡口袋

側身・裡側身

袋身・裡袋身　　袋身・裡袋身

35cm

45cm

[縫製前的準備]

1. 在布料上描畫裁切線後剪下。
2. 畫上完成線（縫線）記號。
3. 燙貼接著襯（袋身／口袋／側身）。

[完成尺寸]

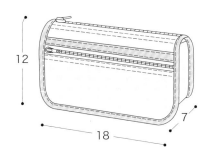

12

18

7

[作法]

1 接縫袋身＆裡袋身袋口，翻至正面。

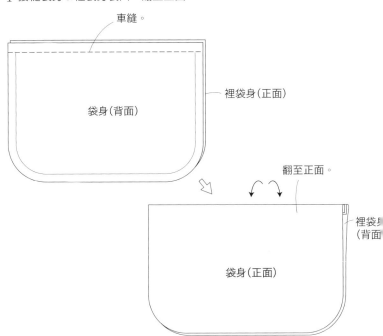

車縫。

裡袋身（正面）

袋身（背面）

翻至正面。

翻至正面。

裡袋身（背面）

袋身（正面）

2 接縫 2 片口袋布，翻至正面。

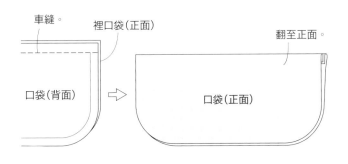

車縫。

裡口袋（正面）

翻至正面。

口袋（背面）

口袋（正面）

3 接縫口袋＆拉鍊。

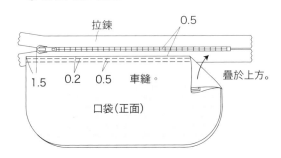

拉鍊

0.5

1.5　0.2　0.5　車縫。

疊於上方。

口袋（正面）

4 將縫上拉鍊的口袋疊放在袋身上，再車縫拉鍊＆人字帶。

5 車縫後袋身，再接縫前・後袋身＆拉鍊。

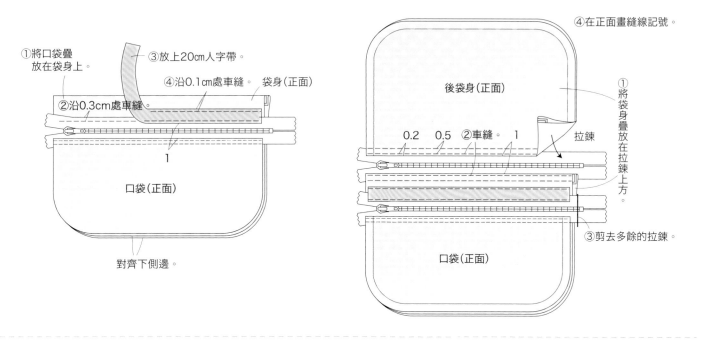

①將口袋疊放在袋身上。

③放上20cm人字帶。

④沿0.1cm處車縫。

袋身（正面）

②沿0.3cm處車縫。

1

口袋（正面）

對齊下側邊。

④在正面畫縫線記號。

後袋身（正面）

①將袋身疊放在拉鍊上方。

0.2　0.5　②車縫。　1

拉鍊

③剪去多餘的拉鍊。

口袋（正面）

6 縫合側身＆裡側身。

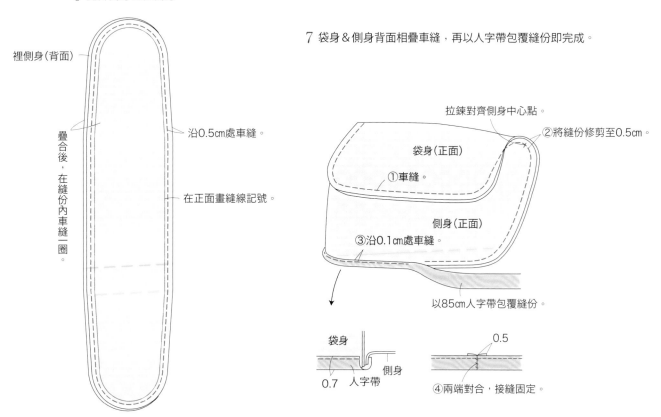

裡側身（背面）

疊合後，在縫份內車縫一圈。

沿0.5cm處車縫。

在正面畫縫線記號。

7 袋身＆側身背面相疊車縫，再以人字帶包覆縫份即完成。

拉鍊對齊側身中心點。

②將縫份修剪至0.5cm。

袋身（正面）

①車縫。

側身（正面）

③沿0.1cm處車縫。

以85cm人字帶包覆縫份。

袋身

0.7　人字帶　側身

0.5

④兩端對合，接縫固定。

拉鍊收納包

超方便的附提把波奇包,收納任何物品都適用。大小適中,且擁有充分的內容量。

●製作 = 加藤容子

作法⇒ P.77

no.24

方型波奇包

加入鋪棉，圓鼓鼓的很可愛。

鑲上滾邊後，包型更立挺。

●製作＝渋澤富砂幸

作法⇒ P.48

no.25

長方形波奇包。具有充足的收納力，很適合旅行使
用。帶有提把的設計，攜帶也方便。

●製作＝渋澤富砂幸

作法⇒ P.48

no.26

材料

- 表布（印花棉布）50cm 寬 × 35cm
- 裡布（棉布）40cm 寬 × 35cm
- 接著鋪棉（薄／MKM-1）40cm 寬 × 35cm
- 拉鍊（20cm）1 條
- 出芽帶（粗 1mm）120cm
- 滾邊斜布條（1.1cm 寬）120cm

原寸紙型

D 面　紫線 　紙型張數／5張

袋身・裡袋身／拉鍊側身・裡拉鍊側身／
側身・裡側身／提把／吊耳

[裁布圖]

表布・裡布　　□ =須燙貼接著鋪棉

（僅表布）

吊耳　吊耳

側身・裡側身

拉鍊側身

拉鍊側身

袋身・裡袋身

袋身・裡袋身

提把（僅表布）

35cm

裡拉鍊側身

50cm（表布）
40cm（裡布）

材料

- 表布（印花棉布）55cm 寬 × 35cm
- 裡布（棉布）45cm 寬 × 35cm
- 接著鋪棉（薄／MKM-1）45cm 寬 × 35cm
- 拉鍊（30cm）1 條
- 出芽帶（粗 1mm）150cm
- 滾邊斜布條（1.1cm 寬）120cm

原寸紙型

D 面　紫線 □　紙型張數／5張

袋身・裡袋身／拉鍊側身・裡拉鍊側身／
側身・裡側身／提把／吊耳

[裁布圖]

表布・裡布　　□ =須燙貼接著鋪棉

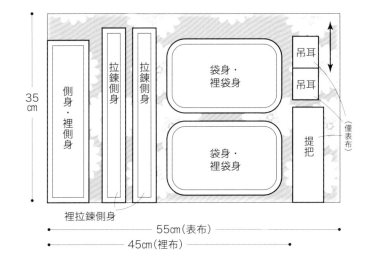

側身・裡側身

拉鍊側身

拉鍊側身

袋身・裡袋身

袋身・裡袋身

吊耳
吊耳

提把（僅表布）

35cm

裡拉鍊側身

55cm（表布）
45cm（裡布）

[縫製前的準備]

1. 在布料上描畫裁切線後剪下。

2. 畫上完成線（縫線）記號。

3. 燙貼接著鋪棉。

（袋身／側身／拉鍊側身）

[完成尺寸]

no.25

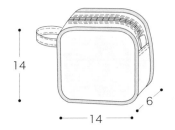

14

14

6

no.26

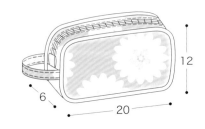

12

6

20

no.26
[作法]

2 將拉鍊夾在拉鍊側身之間，車縫固定。　3 以相同作法車縫拉鍊另一側。

1 疊合袋身＆裡袋身，縫上出芽帶。

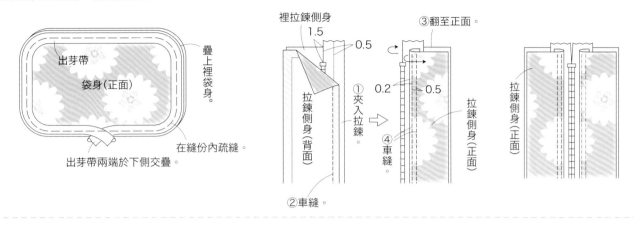

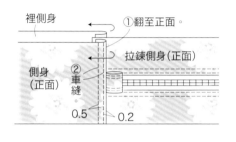

4 製作吊耳。

5 夾入吊耳，與拉鍊側身＆側身一起縫合。

6 側身翻至正面，車縫壓線。

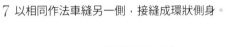

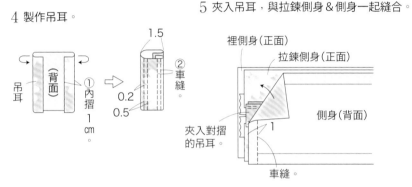

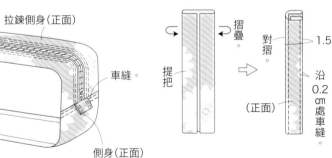

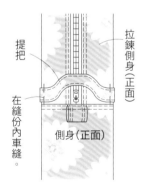

7 以相同作法車縫另一側，接縫成環狀側身。

8 製作提把。

9 將提把縫於拉鍊側身上。

10 縫合袋身＆側身。

11 以滾邊斜布條包覆縫份即完成。

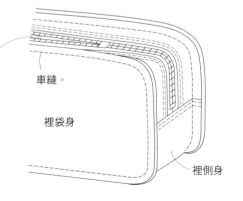

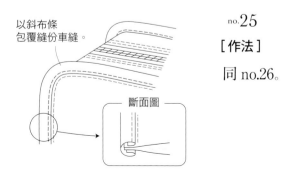

no.25
[作法]
同 no.26。

大圓珠口金包

如杯子蛋糕般可愛的圓底大圓珠口金包。

圓珠的顏色建議配合布料顏色挑選。

●口金／INAZUMA

●設計 · 製作＝柏谷真紀（nikomaki ＊）

作法⇒ P.52

no.27

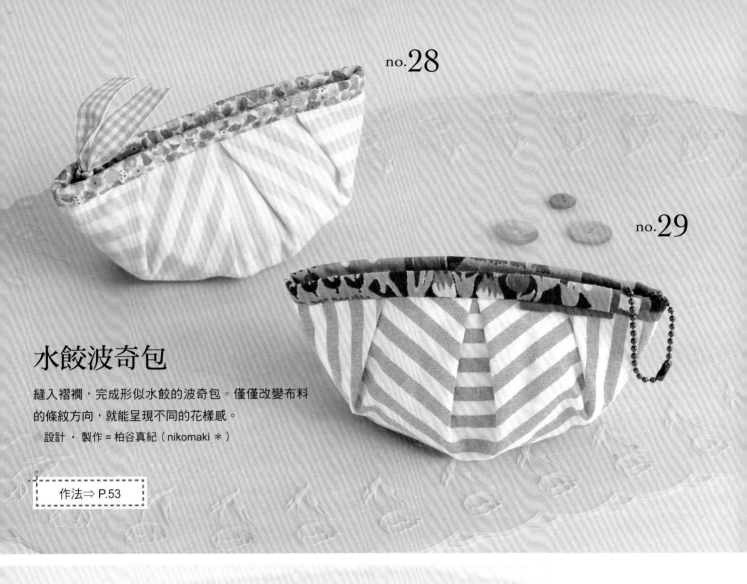

no.28

no.29

水餃波奇包

縫入褶襉，完成形似水餃的波奇包。僅僅改變布料
的條紋方向，就能呈現不同的花樣感。

設計・製作＝柏谷真紀（nikomaki＊）

作法⇒ P.53

no.30

形狀與 no.28・29 相同，但稍微變化了打褶的方向。
是收納小飾品或鑰匙等物品的絕佳尺寸。

●設計・製作＝柏谷真紀（nikomaki＊）

作法⇒ P.53

材料

・表布（素色棉布）30cm 寬 × 10cm
・配布（棉布）25cm 寬 × 15cm
・裡布（棉布）40cm 寬 × 15cm
・接著襯（薄）55cm 寬 × 15cm
・大圓珠口金
（寬約 7.5cm ／ INAZUMA BK-775- AG-#2）1 個
・滾邊斜布條（1.1cm 寬）25cm

原寸紙型

B 面　紅線 ▨　紙型張數／4張

上袋身／下袋身／底・裡底／裡袋身

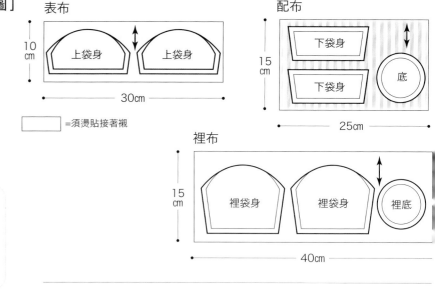

表布

10cm

上袋身　上袋身

30cm

▨ =須燙貼接著襯

配布

15cm

下袋身

下袋身　底

25cm

裡布

15cm

裡袋身　裡袋身　裡底

40cm

[縫製前的準備]

1. 在布料上描畫裁切線後剪下。
2. 畫上完成線（縫線）記號。
3. 燙貼接著襯（上袋身／下袋身／底）。

[完成尺寸]

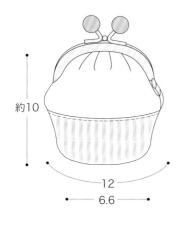

約10

12

6.6

[作法]

1 縫合上下袋身。疊合 2 組袋身後車縫脇邊。

①車縫後，縫份倒向下側。
上袋身（正面）
②沿0.2cm處車縫。
下袋身（正面）

車縫。
④燙開縫份
上袋身（背面）
下袋身
③車縫。
※裡袋身也車縫脇邊。

2 將裡袋身放入袋身中，車縫袋口，並翻至正面。

裡袋身（背面）
車縫。
袋身（背面）

翻至正面。
袋身（正面）
裡袋身（正面）

3 疊合底＆裡底，與袋身縫合。

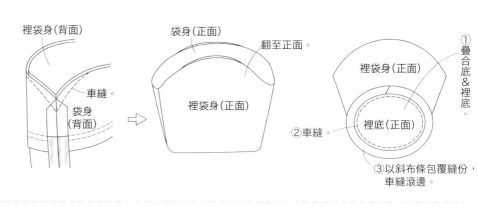

①疊合底＆裡底。
裡袋身（正面）
②車縫。
裡底（正面）
③以斜布條包覆縫份，車縫滾邊。

4 翻至正面。平針縫袋口，抽拉褶皺。

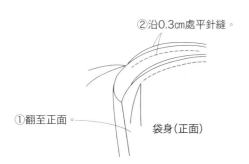

②沿0.3cm處平針縫。
①翻至正面。
袋身（正面）

5 裝上口金即完成。

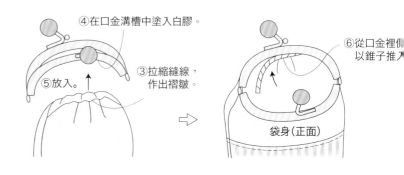

④在口金溝槽中塗入白膠。
③拉縮縫線，作出褶皺。
⑤放入。
⑥從口金裡側以錐子推入
袋身（正面）

no.28 no.29 no.30 水餃波奇包

材料
· 表布（印花棉布）25cm 寬×25cm（僅 28 29）
· 表布（印花棉布）50cm 寬×25cm（僅 30）
· 配布（印花棉布／滾邊用）35cm 寬×25cm（僅 28 29）
· 裡布（棉布）25cm 寬×25cm
· 接著襯（薄）25cm 寬×25cm
· 拉鍊（12cm）1 條
· 裝飾布 4.5cm 寬×2.6cm（僅 29 30）
· 緞帶 12cm（僅 28）
· 珠鍊 1 個（僅 29）

原寸紙型

D 面
紫線 型紙枚数／**1**張

袋布·裏袋布

※滾邊斜布條、裝飾布無紙型，
　於布面上直線畫記＆裁剪即可。

[縫製前的準備]
1. 在布料上描畫裁切線後剪下。
2. 畫上完成線（縫線）記號。
3. 燙貼接著襯（袋身）。

[完成尺寸]

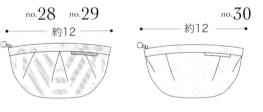
no.28 no.29 約12　no.30 約12

4 縫製滾邊斜布條，並與袋身接縫。
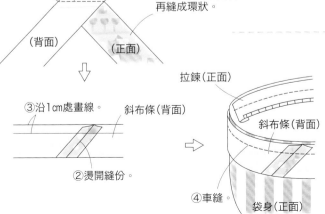
①沿0.5cm處車縫。
測量袋口尺寸，接縫
足夠長度的斜布條，
再縫成環狀。
（背面）
（正面）
③沿1cm處畫線。
②燙開縫份。

[裁布圖]　表布·裡布　□ =須燙貼接著襯

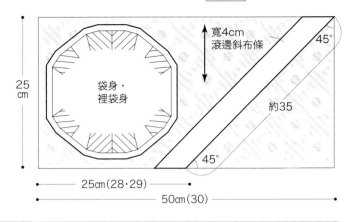
寬4cm
滾邊斜布條
45°
25cm
袋身·
裡袋身
約35
45°
25cm（28·29）
50cm（30）

[作法]
1 袋身縫製褶襉。
no.29
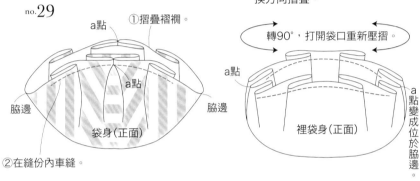
a點
①摺疊褶襉。
a點
脇邊　脇邊
袋身（正面）
②在縫份內車縫。

2 以相同作法縫製裡布褶襉後，
　換方向摺疊。
轉90°，打開袋口重新壓摺。
a點
裡袋身（正面）
a點變成位於脇邊。

3 將裡袋身放入袋身中，車縫袋口＆縫上拉鍊。
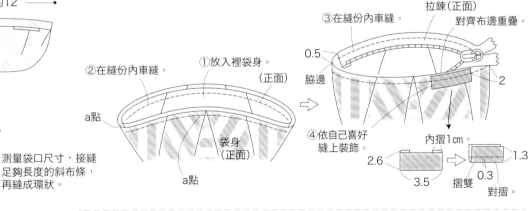
②在縫份內車縫。
①放入裡袋身。
（正面）
a點
袋身（正面）
a點
③在縫份內車縫。
拉鍊（正面）
對齊布邊重疊。
0.5
脇邊
2
④依自己喜好
縫上裝飾。
內摺1cm
2.6
3.5
摺雙
1.3
0.3
對摺

5 將斜布條包覆縫份即完成。
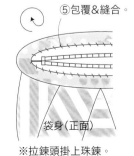
⑤包覆＆縫合。
袋身（正面）
拉鍊（正面）
斜布條（背面）
斜布條（背面）
④車縫。
袋身（正面）
※拉鍊頭掛上珠鍊。

no.28

繫上12cm
的緞帶

no.31

貓咪的上背是拉鍊開口！

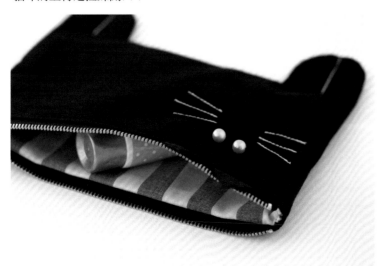

貓咪小物包

無敵可愛的黑貓剪影，變身扁平波奇包。縫上珍珠眼睛，車縫鬍鬚＆腳腳，再簡單加上圓繩尾巴就完成囉！

●設計・製作 =Mono

作法⇒ P.55

材料
・表布（素色棉布）50cm 寬 ×25cm
・裡布（棉布）25cm 寬 × 30cm
・接著襯（薄）50cm 寬 ×25cm
・拉鍊（20cm）1 條
・圓繩（粗 0.5cm）15cm
・珍珠（直徑 7mm）2 個

原寸紙型

D 面　紫線 △———△　紙型張數／3張

袋身／裡袋身／耳朵

[縫製前的準備]

1. 在布料上描畫裁切線後剪下。
2. 畫上完成線（縫線）記號。
3. 燙貼接著襯（袋身）。

[裁布圖]

☐ =須燙貼接著襯

表布

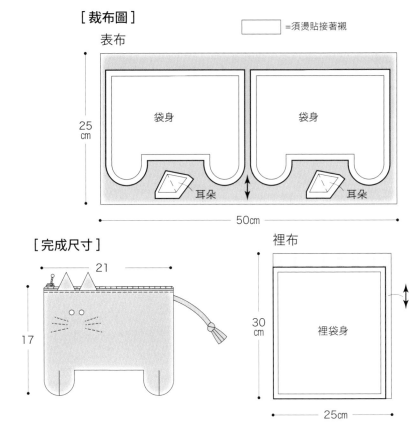

袋身　袋身　耳朵　耳朵
25cm　50cm

[完成尺寸]

21
17

裡布

裡袋身
30cm
25cm

[作法]

1 縫製耳朵。

①車縫　耳朵（背面）　②翻至正面。
耳朵（正面）
垂直車縫。

2 將袋身縫上耳朵＆拉鍊。

②邊端內摺。　夾入耳朵。　③車縫。
1.5
拉鍊（背面）　白線
袋身（正面）　①車縫鬍鬚線。

袋身（正面）
⑤縫合拉鍊＆袋身。
⑥沿0.3cm處車縫壓線。
④沿0.3cm處車縫壓線。
避開耳朵。
袋身（正面）

3 車縫袋身周邊。

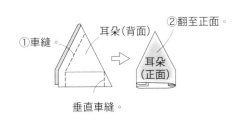

打結
打開拉鍊。
夾入圓繩
袋身（背面）　（正面）
①車縫。
②縫份剪牙口。

4 縫製裡袋身。將裡袋身放入袋身中進行縫合，
在腳部車縫直線即完成。

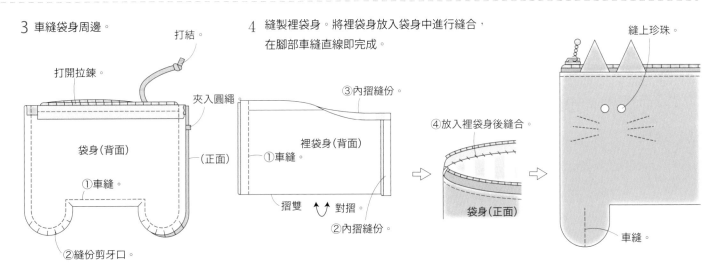

③內摺縫份。
裡袋身（背面）
①車縫。
摺雙　對摺
②內摺縫份。
④放入裡袋身後縫合。
袋身（正面）

縫上珍珠。
車縫。

no.32

no.33

後側。

指甲油&洋裝波奇包

可愛的指甲油&洋裝造型，布料的挑選很重要唷！夾入鋪棉，就能給重要的內容物多加一層安心保護。兩件作品皆是側開口拉鍊的設計。

●設計・製作＝丸濱淑子・由紀子（KOKOHORE-WANWAN）

作法　no.32・P.59　no.33・P.58

no.34

no.35

小熊＆兔子波奇包

表情豐富可愛的貼布縫小熊＆兔子。毛茸茸的圓尾巴，是以毛線製成。

●設計 ・ 製作＝丸濱淑子 ・ 由紀子（KOKOHORE-WANWAN）

後側。

作法⇒P.60

材料
・①（花布）70cm 寬 × 30cm
・②（英文印花布）5cm 寬 × 5cm
・③（素色白布）10cm 寬 × 5cm
・裡布（棉布）70cm 寬 × 30cm
・鋪棉（薄）70cm 寬 × 30cm
・拉鍊（16cm）1 條
・緞帶（1cm 寬）35cm
・市售裝飾花 1 個

原寸紙型

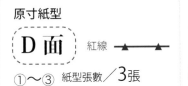

D 面　紅線 ▲━━▲

①～③ 紙型張數／3張

[紙型作法提醒]

前・後片紙型須分開描畫。

※鋪棉針腳間距參見P.80。

[完成尺寸]

24　31

[裁布圖]

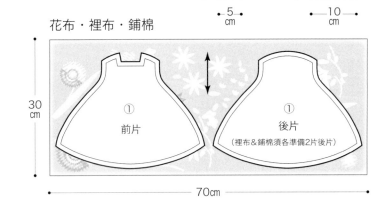

英文字母印花布↕　　白布↕

5cm ②　　5cm ③

5cm　　10cm

花布・裡布・鋪棉

30cm

① 前片

① 後片
（裡布＆鋪棉須各準備2片後片）

70cm

[縫製前的準備]

1. 在布料上描畫裁切線後剪下。
2. 畫上完成線（縫線）記號。
3. 準備與裡布相同尺寸的鋪棉。

[作法]

1 縫合花布、素色、英文印花布，再疊上裡布與鋪棉，車縫周邊。

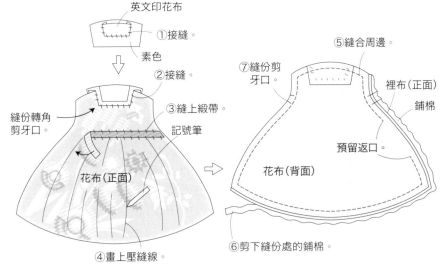

英文印花布
①接縫。
素色
②接縫。
③縫上緞帶。
記號筆
⑤縫合周邊。
⑦縫份剪牙口。
裡布（正面）
鋪棉
縫份轉角剪牙口。
預留返口。
花布（正面）
花布（背面）
④畫上壓縫線。
⑥剪下縫份處的鋪棉。

2 翻至正面，縫合返口。疏縫固定布料＆鋪綿。

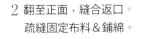

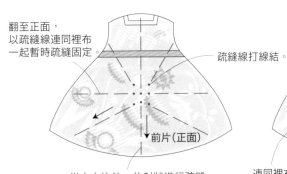

翻至正面，以疏縫線連同裡布一起暫時疏縫固定。
疏縫線打線結。
前片（正面）
從中央往外，放射狀進行疏縫。

3 壓縫（密縫）。

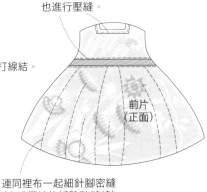

緞帶邊緣＆針腳邊緣也進行壓縫。
前片（正面）
連同裡布一起細針腳密縫（完成壓縫後拆除疏縫線）。

4 縫合前・後片＆拉鍊即完成。

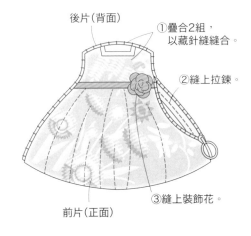

後片（背面）
①疊合2組，以藏針縫縫合。
②縫上拉鍊。
③縫上裝飾花
前片（正面）

※以相同作法縫製後片。

[裁布圖]

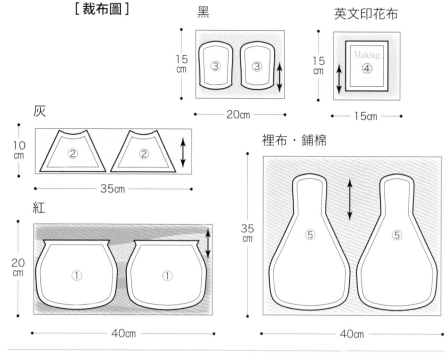

黑

英文印花布

15cm

③ ③

20cm

15cm

Making
④

15cm

灰

10cm

② ②

35cm

裡布・鋪棉

紅

20cm

① ①

40cm

裡布・鋪棉

35cm

⑤ ⑤

40cm

材料

・①（紅布）40cm 寬 × 20cm
・②（灰色花紋布）35cm 寬 × 10cm
・③（素色黑布）20cm 寬 × 15cm
・④（英文印花布）15cm 寬 × 15cm
・⑤（裡布）40cm 寬 × 35cm
・鋪棉（薄）40cm 寬 × 35cm
・拉錬（16cm）1 條
・25 號刺繡線（灰色）
・市售流蘇 1 個

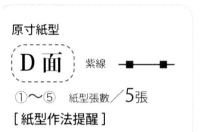

原寸紙型

D 面 紫線 ■—■

①～⑤ 紙型張數／5張

[紙型作法提醒]
裡布紙型為描畫完整瓶子形狀。

[縫製前的準備]
1. 在布料上描畫裁切線後剪下。
2. 畫上完成線（縫線）記號。
3. 準備與裡布相同尺寸的鋪棉。

[作法]　1 接縫黑、灰、紅組件，再疊合裡布＆鋪棉，沿周邊縫合。

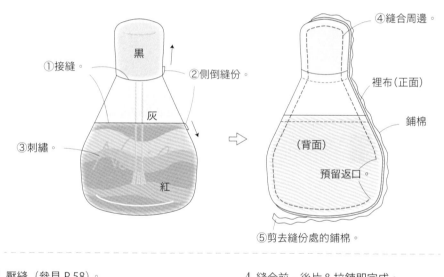

④縫合周邊。

①接縫。
②側倒縫份。
③刺繡。

黑
灰
紅

裡布（正面）
鋪棉
（背面）
預留返口

⑤剪去縫份處的鋪棉。

[完成尺寸]

28

16

2 翻至正面，縫合返口，再進行疏縫。

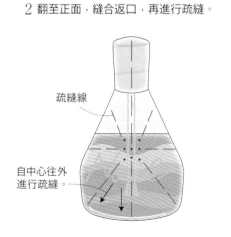

疏縫線

自中心往外
進行疏縫。

3 壓縫（參見 P.58）。

4 縫合前・後片＆拉錬即完成。

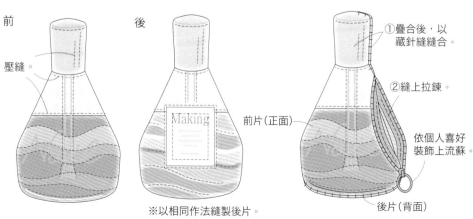

前

後

壓縫。

Making

①疊合後，以
藏針縫縫合。

②縫上拉錬。

前片（正面）

依個人喜好
裝飾上流蘇。

後片（背面）

※以相同作法縫製後片。

材料
・底布（素色棉布）40cm 寬 × 30cm
・駝色（棉布）25cm 寬 × 30cm
・原色（棉布）10cm 寬 × 10cm
・淺粉紅色（棉布）10cm 寬 × 5cm
・焦茶色（棉布）10cm 寬 × 5cm
・白色（棉布）10cm 寬 × 5cm
・紅色（棉布）10cm 寬 × 10cm
・裡布（棉布）40cm 寬 × 30cm
・鋪棉（薄）40cm 寬 × 30cm
・毛線・緞帶 適量
・25 號刺繡線（焦茶色）
・拉鍊（16cm）1 條

材料
・底布（素色棉布）55cm 寬 × 25cm
・粉紅色（棉布）25cm 寬 × 30cm
・淺粉紅色（棉布）10cm 寬 × 10cm
・焦茶色（棉布）10cm 寬 × 5cm
・白色（棉布）10cm 寬 × 5cm
・藍色（棉布）10cm 寬 × 10cm
・裡布（棉布）55cm 寬 × 25cm
・鋪棉（薄）55cm 寬 × 25cm
・毛線・緞帶 適量
・25 號刺繡線（焦茶色）
・拉鍊（16cm）1 條

[縫製前的準備]
1. 在布料上描畫裁切線後剪下。
2. 在底布正面畫上貼布記號線。
3. 準備與裡布相同尺寸的鋪棉。

原寸紙型
B 面　藍線 [　]　紙型張數／**15**張
①～⑬／底布／愛心

原寸紙型
B 面　藍線 [　]　紙型張數／**14**張
①～⑫／底布／愛心

[裁布圖]

底布・裡布

30cm

前　　後

40cm

底布・裡布

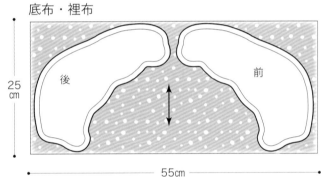

25cm

55cm

後　　前

駝色

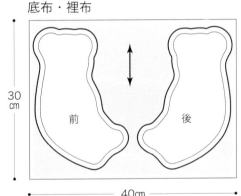

⑦ ⑤ ③ ④ ② ⑨ ①

30cm

25cm

原色

⑩

10cm

10cm

淺粉紅色

⑧ ⑥

5cm

10cm

焦茶色・白色

⑬ ⑫ ⑪　僅焦茶色

5cm

10cm

淺粉紅色

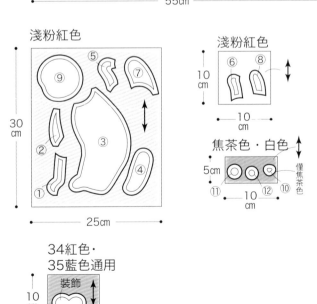

⑤ ⑦ ⑨ ② ③ ④ ①

30cm

25cm

淺粉紅色

⑥ ⑧

10cm

10cm

焦茶色・白色

⑪ ⑫ ⑩　僅焦茶色

5cm

10cm

34紅色・
35藍色通用

裝飾

10cm

10cm

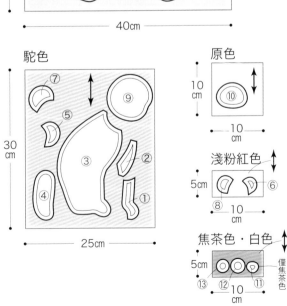

[作法]

[完成尺寸]

1 內摺貼布縫份，並依號碼順序縫在底布上，完成後繡出臉部表情。

no.34

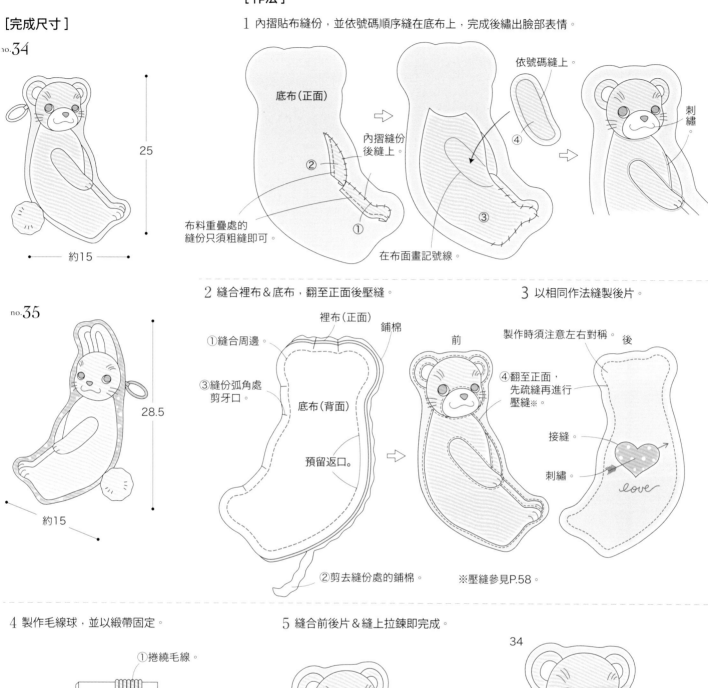

25

約15

底布（正面）

② ①

布料重疊處的
縫份只須粗縫即可。

內摺縫份
後縫上。

在布面畫記號線。

③

依號碼縫上。

④

刺繡

no.35

28.5

約15

2 縫合裡布＆底布，翻至正面後壓縫。

裡布（正面）

鋪棉

①縫合周邊。

③縫份弧角處
剪牙口。

底布（背面）

預留返口。

②剪去縫份處的鋪棉。

3 以相同作法縫製後片。

前

製作時須注意左右對稱。

後

④翻至正面，
先疏縫再進行
壓縫※。

接縫。

刺繡。

love

※壓縫參見P.58。

4 製作毛線球，並以緞帶固定。

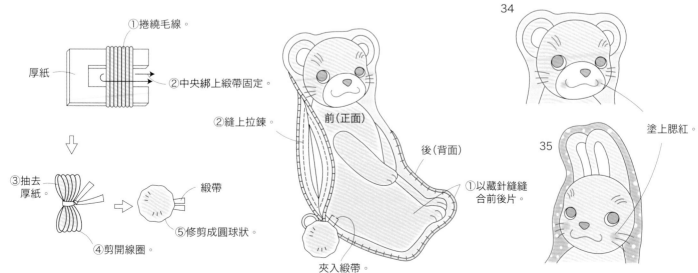

①捲繞毛線。

厚紙

②中央綁上緞帶固定。

③抽去
厚紙

緞帶

④剪開線圈。

⑤修剪成圓球狀。

5 縫合前後片＆縫上拉鍊即完成。

②縫上拉鍊。

前（正面）

後（背面）

①以藏針縫縫
合前後片。

夾入緞帶。

34

35

塗上腮紅。

材料

- 表布（棉麻印花布）110 寬 × 65cm
- 裡布（棉布）95cm 寬 × 65cm
- 接著襯（薄／AM-F1）85cm 寬 × 65cm
- 織帶（3cm 寬）220cm
- 拉鍊（60cm）1 條
- 出芽帶（粗 3mm）250cm
- 滾邊斜布條（粗 1.1cm）250cm

原寸紙型

C 面　紅線 ——————　紙型張數／5張

袋身・裡袋身／底・裡底／
拉鍊側身・裡拉鍊側身／
口袋・內口袋／吊耳

[縫製前的準備]

1. 在布料上描畫裁切線後剪下。
2. 畫上完成線（縫線）記號。
3. 燙貼接著襯（袋身／底／拉鍊側身）。

[裁布圖]　　　　　　　　▭ =須燙貼接著襯

表布・裡布

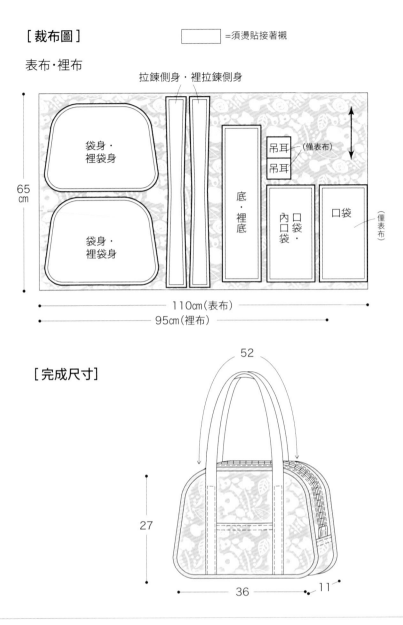

[完成尺寸]

[作法]

1 製作內口袋，完成後縫至裡袋身上。

2 車縫口袋口，縫至袋身上。

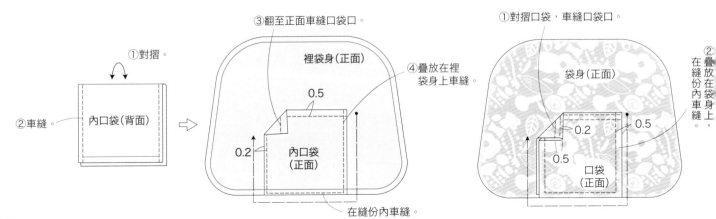

62

3 將織帶疊放在袋身上車縫,並縫上出芽帶。

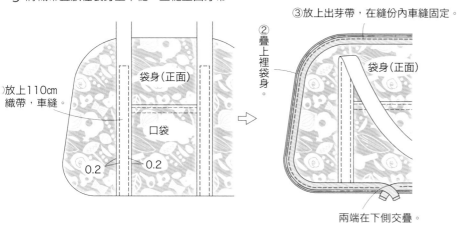

放上110cm
織帶,車縫。

袋身(正面)

口袋

0.2

0.2

②疊上裡袋身。

③放上出芽帶,在縫份內車縫固定。

袋身(正面)

兩端在下側交疊。

4 夾入拉鍊車縫固定後,翻至正面。

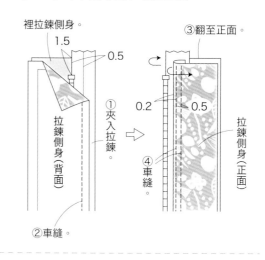

裡拉鍊側身。

1.5

0.5

拉鍊側身(背面)

①夾入拉鍊。

②車縫。

③翻至正面。

0.2

0.5

④車縫。

拉鍊側身(正面)

5 以相同作法縫製另一側。

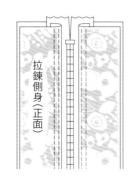

拉鍊側身(正面)

6 製作吊耳。夾入吊耳後,接縫拉鍊側身&底部。

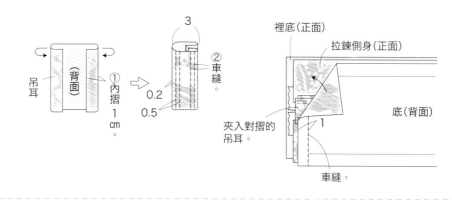

吊耳

(背面)

①內摺1cm。

0.2

0.5

3

②車縫。

裡底(正面)

拉鍊側身(正面)

夾入對摺的吊耳。

1

底(背面)

車縫。

7 翻至正面縫合底部。

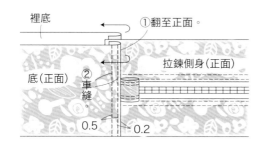

裡底

①翻至正面。

底(正面)

②車縫。

拉鍊側身(正面)

0.5

0.2

8 車縫另一側,將側身接縫成環狀。

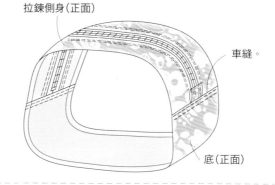

拉鍊側身(正面)

車縫。

底(正面)

9 縫合袋身、側身與底部。

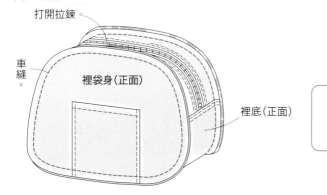

打開拉鍊。

車縫。

裡袋身(正面)

裡底(正面)

10 以斜布條包覆縫份即完成。

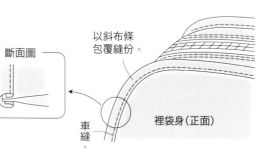

斷面圖

以斜布條包覆縫份。

車縫。

裡袋身(正面)

材料

- 表布（素色棉布）80cm 寬 × 60cm
- 裡布（棉布）110cm 寬 × 60cm
- 接著襯（薄）110cm 寬 × 60cm
- Tyrolean 花紋緞帶（5cm 寬）80cm
- 蕾絲（1.5cm 寬）160cm
- 竹製提把（直徑約 14.5cm／INAZUMA BB-4-#4）1組

原寸紙型

C 面　紅線 ●━━━● 　紙型張數／3張

袋身‧裡袋身／側身‧裡側身／內口袋

[裁布圖]

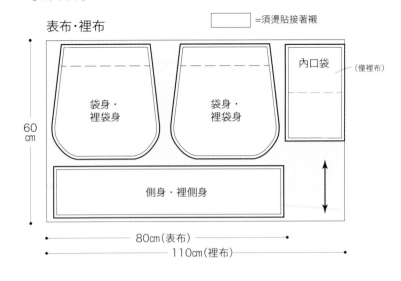

[縫製前的準備]

1. 在布料上描畫裁切線後剪下。
2. 畫上完成線（縫線）記號。
3. 燙貼接著襯（袋身／側身／半邊內口袋）。

[完成尺寸]

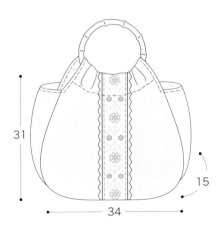

[作法]

1 袋身先縫上蕾絲再縫上緞帶，完成後與側身縫合。

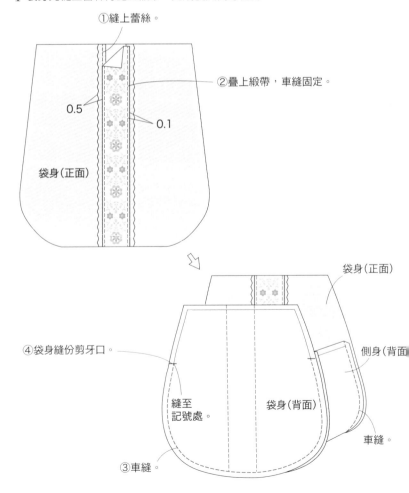

64

2 縫製內口袋並縫至裡袋身上。

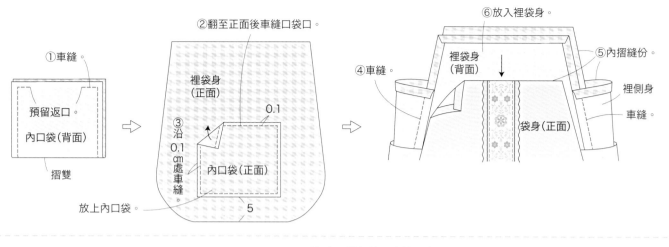

①車縫。

預留返口。

內口袋(背面)

摺雙

②翻至正面後車縫口袋口。

裡袋身(正面)

0.1

③沿0.1cm處車縫

內口袋(正面)

放上內口袋。

5

3 縫合裡袋身&裡側身,將裡袋身放入袋身中。

⑥放入裡袋身。

④車縫。

裡袋身(背面)

⑤內摺縫份。

裡側身

車縫。

袋身(正面)

4 車縫袋口。

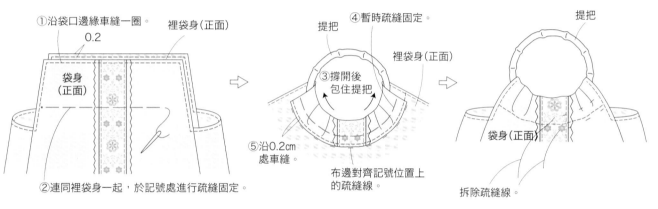

①沿袋口邊緣車縫一圈。

0.2

裡袋身(正面)

袋身(正面)

②連同裡袋身一起,於記號處進行疏縫固定。

5 穿入提把後,車縫固定即完成。

提把

④暫時疏縫固定。

裡袋身(正面)

③撐開後包住提把

⑤沿0.2cm處車縫。

布邊對齊記號位置上的疏縫線。

提把

袋身(正面)

拆除疏縫線。

P.28　no.13 斜背包

材料
· 表布(印花棉布)60cm 寬 × 30cm
· 配布(素色棉布)55cm 寬 × 20cm
· 裡布(棉布)60cm 寬 × 25cm
· 接著襯(薄／AM-F1)60cm 寬 × 45cm
· 磁釦
　(直徑 1.4cm ／ INAZUMA AK-25-14-AG)1 組
· 肩背帶(INAZUMA KM-6 -#25)1 條

原寸紙型

D 面　紅線 △———△　紙型張數／3張

袋身・裡袋身／掀蓋／吊耳

[裁布圖]　□=須燙貼接著襯

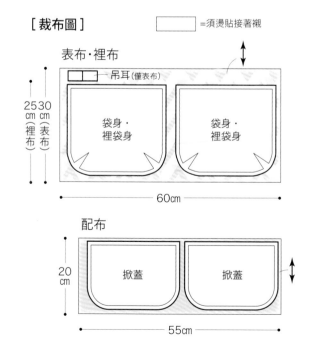

表布・裡布

25cm(裡布)30cm(表布)

吊耳(僅表布)

袋身・裡袋身

袋身・裡袋身

60cm

配布

20cm

掀蓋

掀蓋

55cm

65

[完成尺寸]

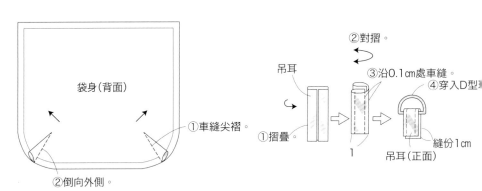

22

25

[作法]　1 縫製袋身的尖褶。

袋身(背面)

①車縫尖褶。

②倒向外側。

2 縫製吊耳

吊耳

②對摺。

③沿0.1cm處車縫。

④穿入D型環

①摺疊。

1

縫份1cm

吊耳(正面)

[縫製前的準備]

1. 在布料上描畫裁切線後剪下。
2. 畫上完成線(縫線)記號。
3. 燙貼接著襯(袋身／掀蓋)。

3 重疊 2 片袋身，沿周邊車縫。

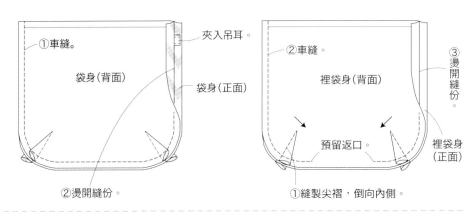

①車縫。

袋身(背面)

夾入吊耳。

袋身(正面)

②燙開縫份。

4 重疊 2 片裡袋身，沿周邊車縫。

②車縫。

裡袋身(背面)

③燙開縫份

預留返口。

裡袋身(正面)

①縫製尖褶，倒向內側。

5 將裡袋身放入袋身中，縫合袋口。

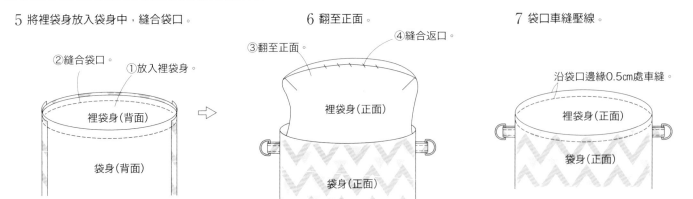

②縫合袋口。

①放入裡袋身。

裡袋身(背面)

袋身(背面)

6 翻至正面。

③翻至正面。

④縫合返口。

裡袋身(正面)

袋身(正面)

7 袋口車縫壓線。

沿袋口邊緣0.5cm處車縫。

裡袋身(正面)

袋身(正面)

8 重疊 2 片掀蓋後車縫周邊，翻至正面後車縫壓線。

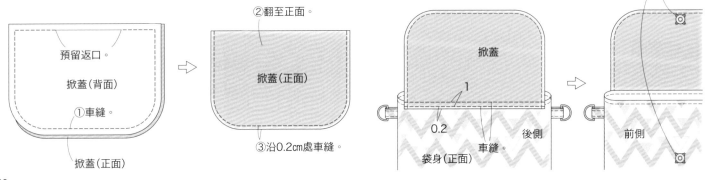

預留返口。

掀蓋(背面)

①車縫。

掀蓋(正面)

②翻至正面。

掀蓋(正面)

③沿0.2cm處車縫。

9 與袋身接縫，最後將肩背帶扣接 D 型環即完成。

掀蓋

1

0.2

車縫

袋身(正面)

後側

安裝磁釦。

前側

66

[裁布圖]

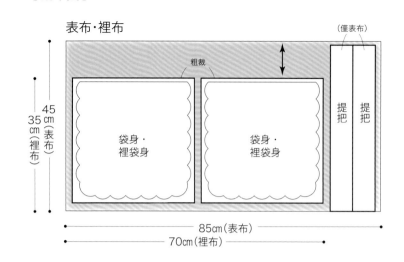

材料
・表布（素色亞麻布）85cm 寬 × 45cm
・裡布（格子棉布）70cm 寬 × 35cm

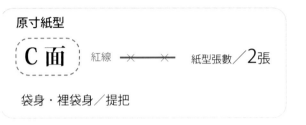

原寸紙型

C 面　紅線 ✄——✄　紙型張數／2張

袋身・裡袋身／提把

表布・裡布

（僅表布）

粗裁

提把　提把

袋身・裡袋身

袋身・裡袋身

45cm（表布）
35cm（裡布）

85cm（表布）
70cm（裡布）

[縫製前的準備]

1. 在布料上描畫裁切線後粗裁剪下。
2. 畫上完成線（縫線）記號。

[完成尺寸]

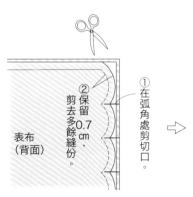

42
31
28.5
31
26

[作法]

1 製作提把。

②對摺
①內摺1cm。
沿0.1cm處車縫。
提把
1.5

2 疊合袋身＆裡布，沿周邊車縫。

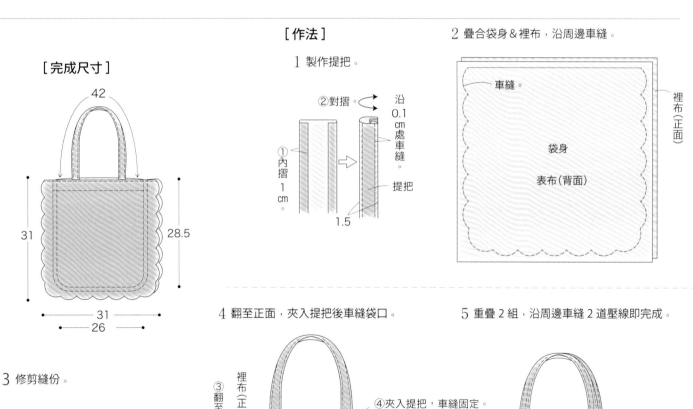

車縫。
袋身
表布（背面）
裡布（正面）

3 修剪縫份。

①在弧角處剪切口。
②保留0.7cm，剪去多餘縫份。
表布（背面）

4 翻至正面，夾入提把後車縫袋口。

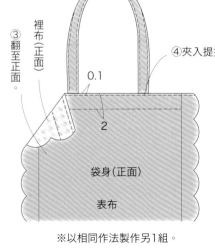

③翻至正面。
裡布（正面）
0.1
2
④夾入提把，車縫固定。
袋身（正面）
表布

※以相同作法製作另1組。

5 重疊2組，沿周邊車縫2道壓線即完成。

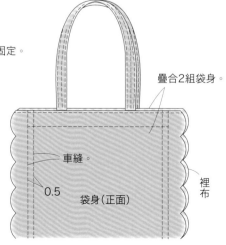

疊合2組袋身。
車縫。
0.5
袋身（正面）
裡布

材料
- 表布（帆布）70cm 寬 × 30cm
- 別布（印花棉布）25cm 寬 × 20cm
- 裡布（素色棉布）55cm 寬 × 30cm
- 蠟繩（粗 2mm）150cm
- 繩扣（2.5cm）2 個

原寸紙型

C 面

紙型張數／4張　　紫線 ▢

袋身・裡袋身／口袋／肩墊／吊耳

［紙型作法提醒］
袋身＆口袋紙型須分開描畫。

［縫製前的準備］
1. 在布料上描畫裁切線後剪下。
2. 畫上完成線（縫線）記號

［完成尺寸］

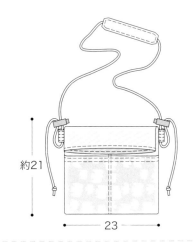

約21　23

［裁布圖］

表布・裡布

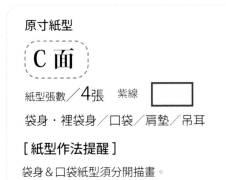

袋身・裡袋身　袋身・裡袋身　吊耳（僅表布）

30cm

70cm（表布）
55cm（裡布）

肩墊（僅表布）

配布

口袋

20cm　25cm

［作法］

1 車縫口袋口。

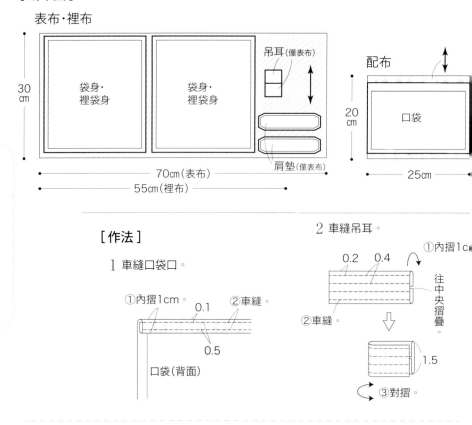

①內摺1cm。　0.1　②車縫。
0.5
口袋（背面）

2 車縫吊耳。

0.2　0.4　①內摺1c
②車縫。　往中央摺疊。
②車縫。　1.5
③對摺

3 前袋身縫上口袋＆吊耳，與後袋身疊合後沿周邊車縫。

前袋身（正面）　0.5
吊耳
①在縫份內車縫。
口袋（正面）　②車縫分隔線。

④燙開縫份。
後袋身（背面）
③車縫。

前袋身（正面）
※以相同作法車縫裡袋身
周邊

4 裡袋身放入袋身中，縫合袋口。

5 以肩墊包夾蠟繩＆車縫固定，再將蠟繩穿過吊耳。

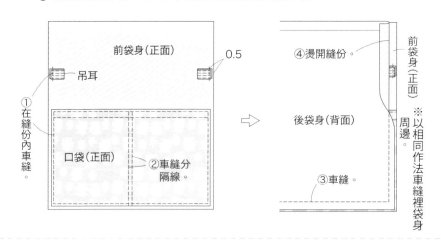

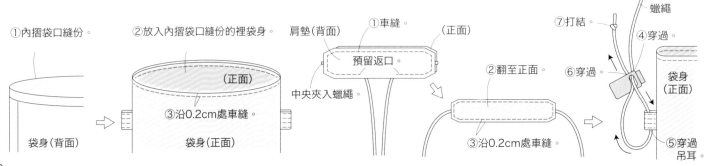

①內摺袋口縫份。
②放入內摺袋口縫份的裡袋身。
（正面）
③沿0.2cm處車縫。
袋身（背面）　袋身（正面）

肩墊（背面）　①車縫。　（正面）
預留返口
中央夾入蠟繩。
②翻至正面。
③沿0.2cm處車縫。

蠟繩
⑦打結。　④穿過。
⑥穿過。
袋身（正面）
⑤穿過吊耳

［ 裁布圖 ］

表布

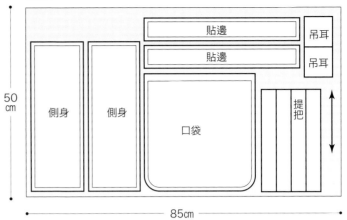

貼邊

貼邊

吊耳

吊耳

側身

側身

口袋

提把

50 cm

85cm

材料

- 表布（11 號水藍色帆布）85cm 寬 × 50cm
- 配布（11 號茶色帆布）100cm 寬 × 40cm
- 裡布（棉布）100cm 寬 × 70cm
- 壓克力棉織帶（3.8cm 寬／INAZUMA BT-382- #870）
  90cm 2 條、12cm 2 條
- 壓克力棉織帶（1.5cm 寬）10cm 2 條、16cm 2 條
- 方型環（內徑 3.8cm／INAZUMA AK-5-38-AG）4 個
- 日型環（內徑 3.8cm／INAZUMA AK-24-38-AG）2 個
- D 型環（內徑 1.6cm／INAZUMA AK-6-21-AG）4 個

原寸紙型

B 面　藍線 ——　紙型張數／**9** 張

袋身・裡袋身／口袋／側口袋／側身・裡側身／
底・裡底／提把／吊耳／貼邊

［ 紙型作法提醒 ］

袋身・裡袋身・口袋紙型須分開描畫。

側身・裡側身紙型也須分開描畫。

［ 縫製前的準備 ］

1. 在布料上描畫裁切線後剪下。
2. 畫上完成線（縫線）記號。

配布

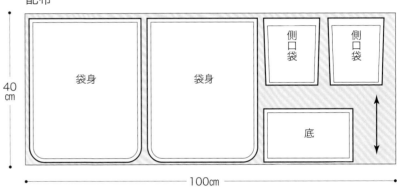

袋身

袋身

側口袋

側口袋

底

40 cm

100cm

裡布

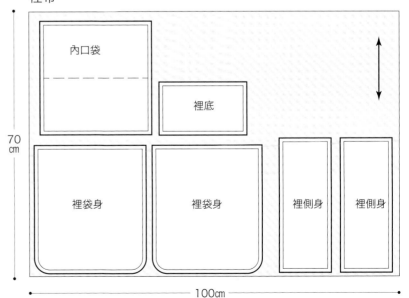

內口袋

裡底

裡袋身

裡袋身

裡側身

裡側身

70 cm

100cm

［ 完成尺寸 ］

後側

36

28　12

1 縫製內口袋，並與裡袋身縫合。

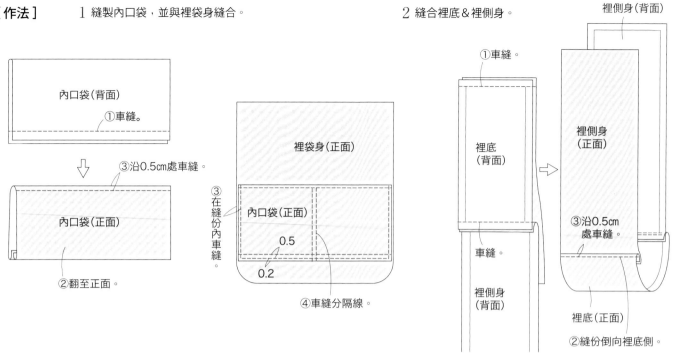

內口袋（背面）
①車縫。

③沿0.5cm處車縫。

內口袋（正面）

②翻至正面。

裡袋身（正面）

③在縫份內車縫。

內口袋（正面）

0.5
0.2

④車縫分隔線。

2 縫合裡底＆裡側身。

裡側身（背面）

①車縫。

裡底（背面）

裡側身（正面）

③沿0.5cm處車縫。

車縫

裡側身（背面）

裡底（正面）

②縫份倒向裡底側。

3 縫合裡袋身＆裡側身。

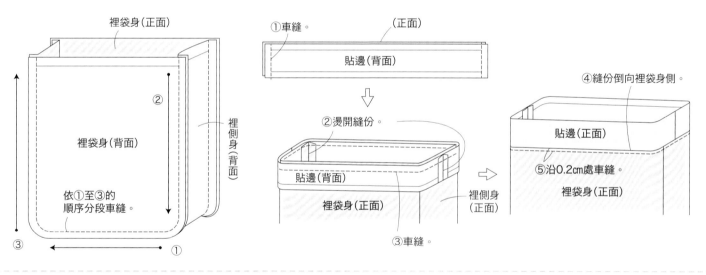

裡袋身（正面）

②

裡袋身（背面）

裡側身（背面）

依①至③的順序分段車縫。

③

①

4 縫製貼邊並與裡袋身縫合。

①車縫。
（正面）

貼邊（背面）

②燙開縫份。

貼邊（背面）

裡側身（正面）

③車縫。

④縫份倒向裡袋身側。

貼邊（正面）

⑤沿0.2cm處車縫。

裡袋身（正面）

5 製作提把。

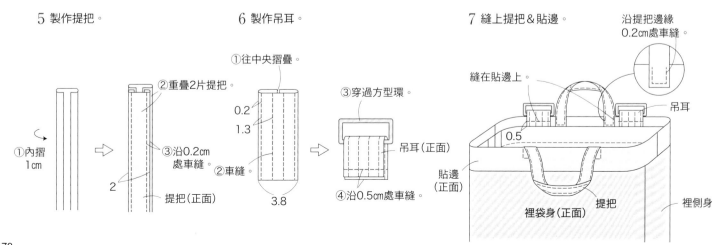

①內摺1cm

②重疊2片提把。

③沿0.2cm處車縫。

2

提把（正面）

6 製作吊耳。

①往中央摺疊。

0.2
1.3

②車縫。

3.8

③穿過方型環。

吊耳（正面）

④沿0.5cm處車縫。

7 縫上提把＆貼邊。

沿提把邊緣0.2cm處車縫。

縫在貼邊上。

吊耳

0.5

貼邊（正面）

裡袋身（正面）

提把

裡側身

8 車縫側口袋口，再接縫在側身上。

①內摺1cm。

②沿0.1cm處車縫。

側口袋（正面）

③摺往背面。

側身（正面）

⑤在縫份內車縫。

側口袋（正面）

④車縫底部。

0.5

0.5

0.2

5.5

9 製作D型環的吊耳。

寬1.5cm壓克力棉織帶×10cm

①內摺1cm。

②沿0.8cm處車縫

×2個

①穿過2個D型環。

8

②沿0.1cm處車縫。

×2個

1.2

16cm壓克力帶

10 縫合側身＆底部，再縫上D型環。

側身（正面）

①車縫。

1.5

②車縫。

0.2

底（正面）

③縫份倒向底側後縫合。

D型環吊耳

11 製作背帶吊耳，縫於後袋身上。

背帶吊耳

②沿0.2cm處車縫。

①穿過方型環。

寬3.8cm壓克力棉織帶×12cm

1.5

×2個

0.5

3.5

③車縫。

6

後袋身（正面）

12 車縫口袋口並與前袋身縫合，再縫合側身＆袋身。

前袋身（正面）

1

①摺疊口袋口，並沿0.2cm處車縫。

口袋（正面）

②在縫份內車縫。

將D型環吊耳縫在後袋身上

前袋身（正面）

後袋身（背面）

側身（背面）

③車縫。

13 壓克力棉織帶穿過日型環後，再穿過方型環，製作背帶。

①穿過日型環。

4

（背面）

②車縫。

1

0.5

寬3.8cm壓克力棉織帶。

側身

③穿過背帶吊耳的方型環。

④穿過日型環。

後袋身（正面）

底

14 裡袋身放入袋身中。夾入背帶端，縫合貼邊＆袋口即完成。

①放入裡袋身。

②穿過吊耳的方型環後，夾入邊端1cm。

③車縫袋口。

0.2

貼邊（正面）

後袋身（正面）

材料

- 表布（藍白條紋）110cm 寬 × 75cm
- 配布（11 號帆布）50cm 寬 × 25cm
- 裡布（棉布）110cm 寬 × 75cm
- 接著襯（厚／AM-W4）100cm 寬 × 70cm
- 拉鍊 A（60cm）1 條
- 拉鍊 B（28cm）1 條
- 雙肩背帶（INAZUMA YAT-1031- #870）
- 豬鼻子（INAZUMA BA-101-#870）

原寸紙型

B 面　紫線 ●——●　紙型張數／10張

前袋身・裡前袋身／後袋身・裡後袋身／
口袋上／口袋下／襯布A／襯布B／
側面布・裡側面布／前拉鍊側身・裡拉鍊側身／
後拉鍊側身／內口袋

[紙型作法提醒]

前袋身＆襯布A，後袋身＆內口袋須分開描畫。

[縫製前的準備]

1. 在布料上描畫裁切線後剪下。
2. 畫上完成線（縫線）記號。
3. 燙貼接著襯（前袋身／後袋身／口袋上／口袋下／
　側面布／前拉鍊側身／後拉鍊側身）。

[裁布圖]

　　　　　　　　　　　　　　　　　　　□=須燙貼接著襯

表布

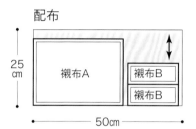

口袋上
口袋下
前袋身
後袋身
側面布
側面布
前拉鍊側身
後拉鍊側身
75cm
110cm

配布

襯布A
襯布B
襯布B
25cm
50cm

裡布

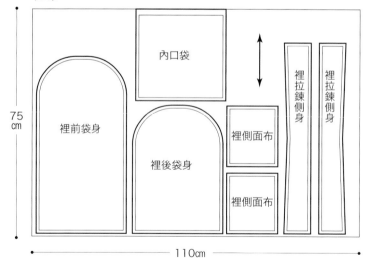

內口袋
裡前袋身
裡後袋身
裡側面布
裡側面布
裡拉鍊側身
裡拉鍊側身
75cm
110cm

[完成尺寸]

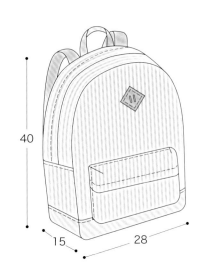

40

15　28

[作法]

1 縫上豬鼻子。

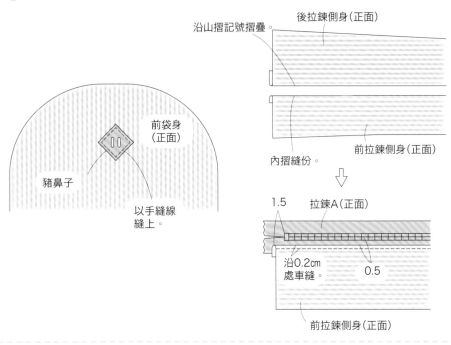

前袋身（正面）

豬鼻子

以手縫線縫上。

2 摺疊拉鍊側身，車縫拉鍊A與前拉鍊側身。

沿山摺記號摺疊。

後拉鍊側身（正面）

前拉鍊側身（正面）

內摺縫份。

1.5　拉鍊A（正面）

沿0.2cm處車縫。　0.5

前拉鍊側身（正面）

3 疊上後拉鍊側身後縫合。

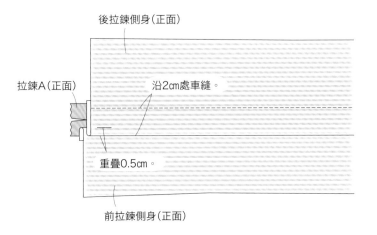

後拉鍊側身（正面）

拉鍊A（正面）

沿2cm處車縫。

重疊0.5cm。

前拉鍊側身（正面）

4 襯布B疊放在側面布上，縫合。

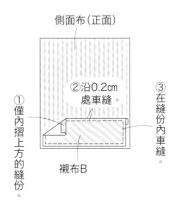

側面布（正面）

①僅內摺上方的縫份。

②沿0.2cm處車縫。

③在縫份內車縫。

襯布B

5 接縫拉鍊側身＆側面布，再翻至正面車縫壓線。

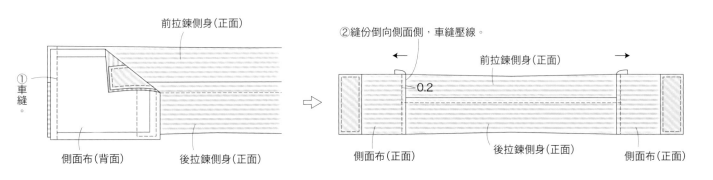

前拉鍊側身（正面）

①車縫。

側面布（背面）　後拉鍊側身（正面）

②縫份倒向側面側，車縫壓線。

前拉鍊側身（正面）

0.2

側面布（正面）　後拉鍊側身（正面）　側面布（正面）

6 內摺口袋拉鍊側的縫份，疊放在拉鍊 B 上進行車縫。

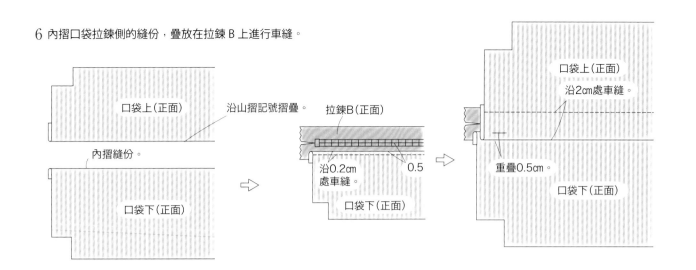

口袋上（正面）
沿山摺記號摺疊。
內摺縫份。
口袋下（正面）

拉鍊B（正面）
沿0.2cm
處車縫。
0.5
口袋下（正面）

口袋上（正面）
沿2cm處車縫。
重疊0.5cm。
口袋下（正面）

7 摺疊口袋，車縫側身，並摺疊縫份。

8 放上口袋，沿周邊車縫。

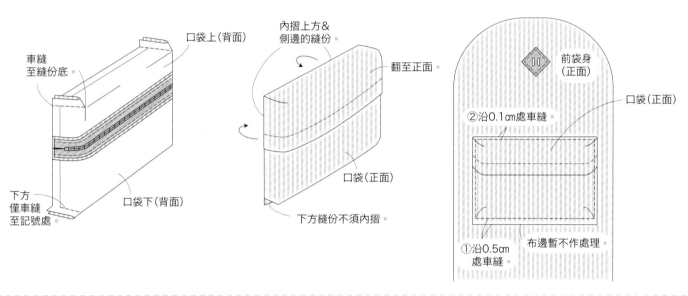

車縫至縫份底。
口袋上（背面）
下方僅車縫至記號處。
口袋下（背面）

內摺上方&側邊的縫份。
翻至正面。
口袋（正面）
下方縫份不須內摺。

前袋身（正面）
②沿0.1cm處車縫。
口袋（正面）
①沿0.5cm處車縫。
布邊暫不作處理。

9 將前袋身縫上襯布 A。

10 後袋身縫上雙肩背帶。

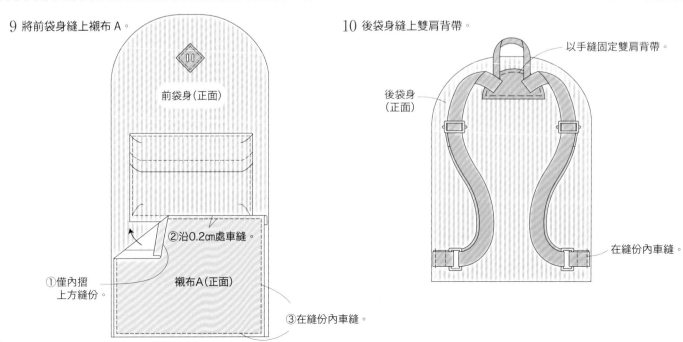

前袋身（正面）
①僅內摺上方縫份。
②沿0.2cm處車縫。
襯布A（正面）
③在縫份內車縫。

以手縫固定雙肩背帶。
後袋身（正面）
在縫份內車縫。

11 縫合前袋身＆後袋身底部。

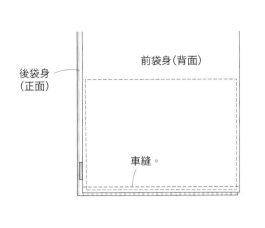

後袋身（正面）

前袋身（背面）

車縫。

12 縫合袋身、拉鍊側身與側面布。

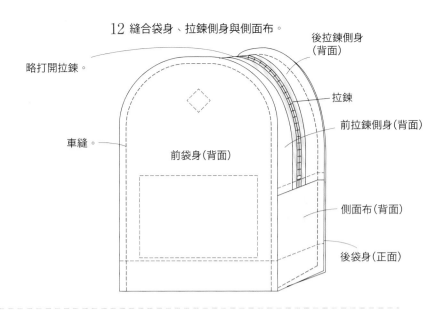

略打開拉鍊。

後拉鍊側身（背面）

拉鍊

前拉鍊側身（背面）

車縫。

前袋身（背面）

側面布（背面）

後袋身（正面）

13 車縫內口袋口，再與裡後袋身縫合。

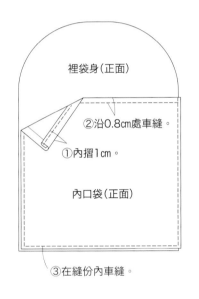

裡袋身（正面）

②沿0.8cm處車縫。

①內摺1cm。

內口袋（正面）

③在縫份內車縫。

14 縫上裡拉鍊側身＆裡側面布。

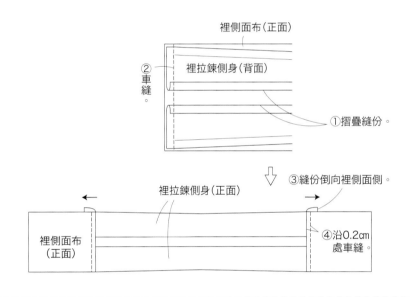

裡側面布（正面）

②車縫。

裡拉鍊側身（背面）

①摺疊縫份。

③縫份倒向裡側面側。

裡拉鍊側身（正面）

裡側面布（正面）

④沿0.2cm處車縫。

15 車縫裡袋身底部，再與裡拉鍊側身、
　裡側面布與裡袋身縫合。

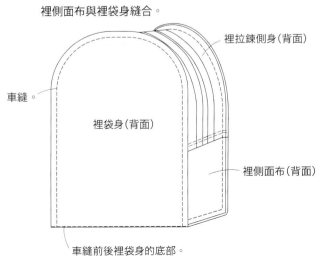

裡拉鍊側身（背面）

車縫。

裡袋身（背面）

裡側面布（背面）

車縫前後裡袋身的底部。

16 袋身放入裡袋身中，接縫固定即完成。

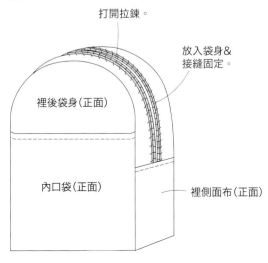

打開拉鍊。

放入袋身＆接縫固定。

裡後袋身（正面）

內口袋（正面）

裡側面布（正面）

材料
- A布（印花亞麻布）30cm 寬 × 20cm
- B布（素色亞麻布）30cm 寬 × 20cm
- 裡布（棉布）60cm 寬 × 20cm
- 接著襯（薄／AM-F1）60cm 寬 × 20cm
- 拉鍊（20cm）1 條
- 滾邊斜布條（1cm 寬 ×）35cm
- 手工藝棉 少許

原寸紙型

D 面　　紫線 ⊶　　紙型張數／2張

袋身・裡袋身／裝飾

[縫製前的準備]
1. 在布料上描畫裁切線後剪下。
2. 畫上完成線（縫線）記號。
3. 燙貼接著襯（袋身）。

[裁布圖]　　□ =須燙貼接著襯

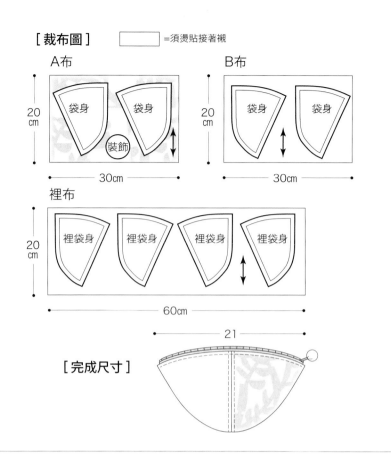

[完成尺寸]

[作法]

1 車縫袋身中心。

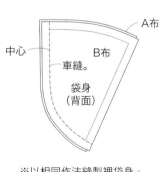

※以相同作法縫製裡袋身。

2 止縫拉鍊兩端並與袋身縫合。

②兩端摺三角，止縫固定。

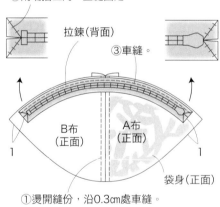

①燙開縫份，沿0.3cm處車縫。

3 疊合袋身＆裡袋身，車縫袋口。

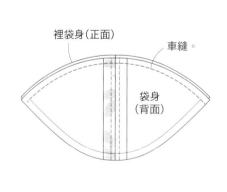

4 翻至正面，以相同作法車縫拉鍊另一側。

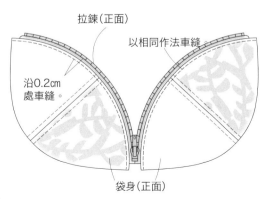

5 正面相對疊合，車縫周邊。

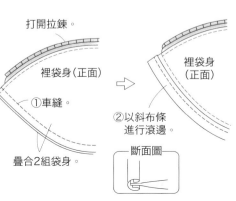

6 縫上裝飾即完成。

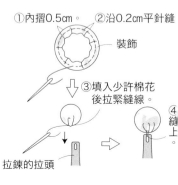

材料

- 表布（格子棉布）20cm 寬 × 30cm
- 別布（素色棉布）20cm 寬 × 30cm
- 裡布（棉布）40cm 寬 × 30cm
- 接著襯（薄／AM-F1）40cm 寬 ×30cm
- 拉鍊（20cm）1 本

[縫製前的準備]

1. 在布料上描畫裁切線後剪下。
2. 畫上完成線（縫線）記號。
3. 燙貼接著襯
   （袋身／拉鍊側身／下側身）。

原寸紙型

D 面　藍線 ————

紙型張數／4張

袋身・裡袋身／

拉鍊側身・裡拉鍊側身／

下側身・裡下側身／提把

[裁布圖]

□ =須燙貼接著襯

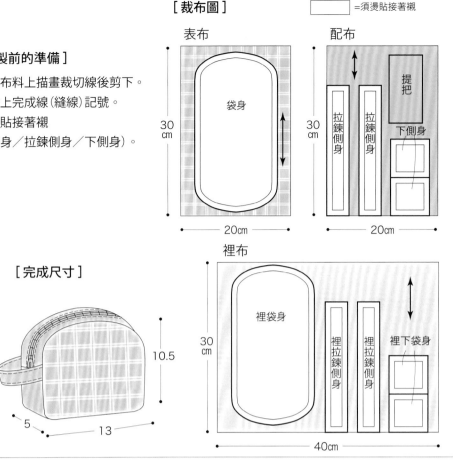

表布　袋身　30cm　20cm

配布　提把　拉鍊側身　拉鍊側身　下側身　30cm　20cm

[完成尺寸]

10.5　5　13

裡布　裡袋身　裡拉鍊側身　裡拉鍊側身　裡下袋身　30cm　40cm

【 作法 】

1 製作提把。

2 縫合拉鍊＆襯布，再與下側身接合。

3 縫合袋身＆下側身，夾入提把後沿周邊車縫。

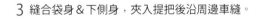

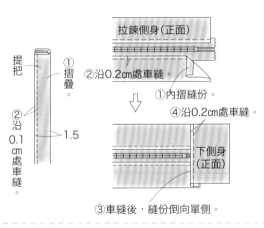

提把　①摺疊。　②沿0.1cm處車縫。　1.5

拉鍊側身（正面）　②沿0.2cm處車縫。　①內摺縫份。　④沿0.2cm處車縫。　下側身（正面）　③車縫後，縫份倒向單側。

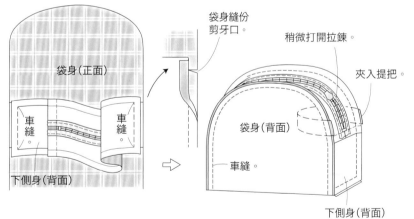

袋身（正面）　車縫　車縫　下側身（背面）

袋身縫份剪牙口。　稍微打開拉鍊。　夾入提把。　袋身（背面）　車縫。　下側身（背面）

4 縫合裡拉鍊側身＆裡下側身。

5 縫合裡袋身＆裡下側身，套合袋身後縫合即完成。

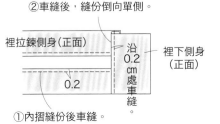

②車縫後，縫份倒向單側。　裡拉鍊側身（正面）　沿0.2cm處車縫。　裡下側身（正面）　0.2　①內摺縫份後車縫。

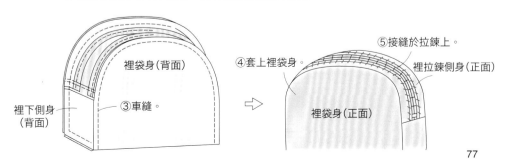

裡袋身（背面）　裡下側身（背面）　③車縫。　④套上裡袋身。　⑤接縫於拉鍊上。　裡拉鍊側身（正面）　裡袋身（正面）

含縫份紙型的使用方法&基礎作法

本書全部作品皆附含縫份紙型。紙型請自行描畫後再使用。

紙型的使用方法&裁剪方法

1 確認作品作法頁的紙型圖樣

作品作法頁中，材料下方為紙型資訊欄。請確認紙型所在頁面、紙型畫線樣式（顏色&線條種類）與張數。

原寸紙型A面　　紅線 ——

紙型張數　4張
袋身・裡袋身／口袋
底・裡底／提把

2 打開原寸紙型，尋找想使用的紙型

打開原寸紙型附件。找到想製作的作品紙型後，先以麥克筆描線標色。

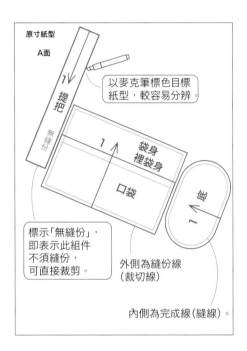

原寸紙型
A面

以麥克筆標色目標紙型，較容易分辨。

標示「無縫份」，即表示此組件不須縫份，可直接裁剪。

外側為縫份線（裁切線）

內側為完成線（縫線）。

3 將紙型複寫至透明紙上

準備複寫紙，以鉛筆等描畫紙型。複寫時，請一邊確認所有的內側線、外側線、箭頭（指示布料中經線走向的記號）、止縫點等記號皆無遺漏。原寸紙型中，重疊的紙型須分開複寫描畫。

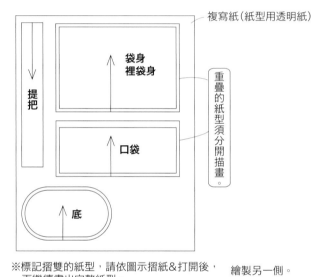

複寫紙（紙型用透明紙）

提把

袋身
裡袋身

口袋

底

重疊的紙型須分開描畫。

※標記摺雙的紙型，請依圖示摺紙&打開後，再繼續畫出完整紙型。

摺雙 ⇨ 繪製另一側。

4 裁剪完成複寫的紙張

依描畫的紙型縫份線（外側線）剪下。托特包袋身&口袋等直線條的紙型，不另外複寫紙型，直接畫於布面&剪裁也OK。

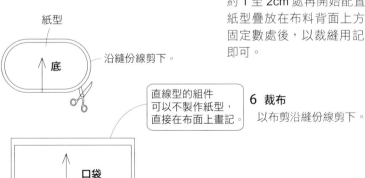

紙型

底

沿縫份線剪下。

直線型的組件可以不製作紙型，直接在布面上畫記。

口袋

5 放上紙型標註記號

參考作法頁中的裁布圖，將紙型疊放在布面上。布面與紙型的箭頭須呈平行。部分布料會有布邊較硬，或布眼不正的問題，建議在距布邊約1至2cm處再開始配置紙型。將紙型疊放在布料背面上方，以待針固定數處後，以裁縫用記號筆描繪即可。

6 裁布

以布剪沿縫份線剪下。

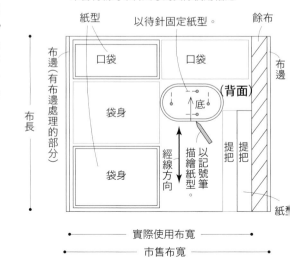

※市售布料的幅寬多為110cm。
本書刊載的布料尺寸為實際使用幅寬。

紙型

以待針固定紙型。

餘布

布邊

口袋　口袋

袋身

底

（背面）

布邊（有布邊處理的部分）

布長

經線方向

以記號筆描繪紙型

提把　提把

袋身

紙型

實際使用布寬

市售布寬

7 在布組件上描畫完成線（縫線）

要將剪下的布組件畫上縫線記號時，可另外準備不含縫份的紙型，將該紙型置於布上，再以記號筆沿邊畫線。或將布用複寫紙夾在布料與含縫份紙型之間，以點線器壓印出記號線即可。

使用無縫份紙型

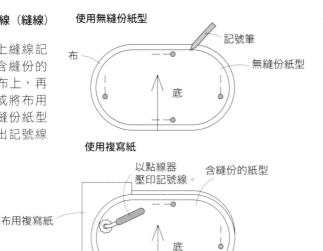

記號筆
布
無縫份紙型
底

使用複寫紙

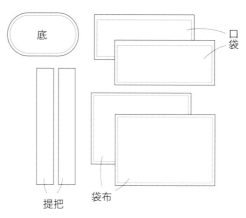

以點線器壓印記號線。
含縫份的紙型
布用複寫紙
底
上色面

8 剪下並檢查記號完整

除了無縫份紙型無縫線記號之外，確認全部組件備齊且記號完整。

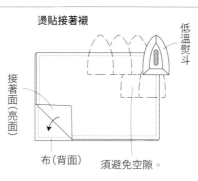

底
口袋
提把
袋布

接著襯＆接著鋪棉的燙貼方法

布料的縫份處也須燙貼接著襯。將接著襯疊放在布料背面上，以低溫熨斗平均壓燙（無蒸氣）。熨斗使用完後，請靜置至冷卻為止。燙貼鋪棉時不須貼至縫份，以免縫份厚度增加。將鋪棉疊放在布料背面上，墊上襯紙再慢慢壓燙。

燙貼接著襯

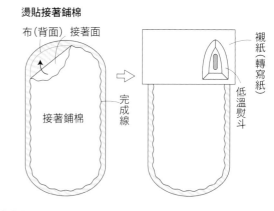

低溫熨斗
接著面（亮面）
布（背面）
須避免空隙。

燙貼接著鋪棉

布（背面）　接著面
接著鋪棉
完成線
襯紙（轉寫紙）
低溫熨斗

※貼上接著襯後，若遮住縫線，須再次重新畫線。

縫製重點

車縫時，請選用與布料顏色相近的縫線。除了特別厚的布料之外，皆使用 60 號縫線。

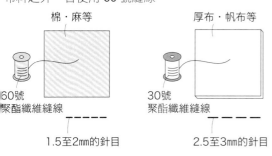

棉・麻等
厚布・帆布等
60號聚酯纖維縫線
30號聚酯纖維縫線
1.5至2mm的針目
2.5至3mm的針目

起縫＆結束都須在相同位置來回車縫 2 至 3 次，以免脫線。打開縫份時則以熨斗壓燙。

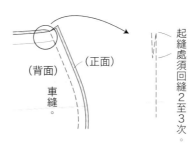

（背面）　（正面）
車縫
起縫處須回縫2至3次。

燙開縫份。
（背面）
熨斗

在弧邊縫份剪牙口，翻至正面的形狀就就會很漂亮。

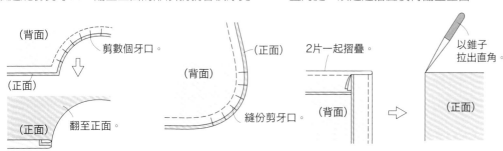

（背面）
剪數個牙口。
（正面）
翻至正面。
（正面）
（正面）
（背面）
縫份剪牙口。

直角處，須逐邊摺疊後再翻至正面。

2片一起摺疊。
（背面）
以錐子拉出直角。
（正面）

製作提把等組件時，統一朝相同方向車縫，針腳更漂亮。

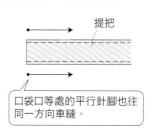

提把
口袋口等處的平行針腳也往同一方向車縫。

斜布條＆出芽帶

斜布條有多種種類，本書中使用了滾邊型 · 兩摺型 · 包繩型，等三種。

＜滾邊斜布條＞

包收布邊的長布條。

短側

長側

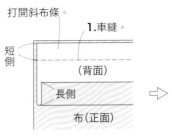

打開斜布條。

1.車縫。

短側

（背面）

長側

布（正面）

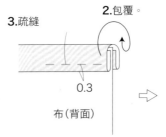

3.疏縫

2.包覆。

0.3

布（背面）

5.拆除疏縫線。

布（正面）

4.在布邊下方車縫。

＜兩摺斜布條＞

用於將布邊倒向背面側，以便縫合的斜布條。

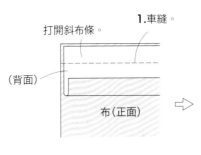

打開斜布條。

1.車縫。

3.疏縫。

2.翻至背面。

（背面）

布（正面）

布（背面）

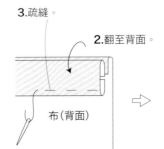

5.拆除疏縫線。

4.沿0.1cm處車縫。

布（正面）

＜出芽帶＞

內有圓繩的斜布條※。

※也有非斜布條的款式。

2.頭尾兩端自然地向外斜出。

出芽帶（背面）

0.2

布（正面）

1.於完成線外側0.2cm處進行疏縫。

出芽帶的針腳須對齊完成線。

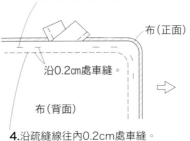

3.疊合2片布組件，稍微疏縫固定。

布（正面）

沿0.2cm處車縫。

布（背面）

4.沿疏縫線往內0.2cm處車縫。

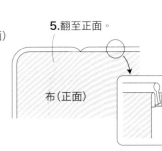

5.翻至正面。

布（正面）

安裝拉鍊

布端摺三角形。

縫至兩端

以熨斗將拉鍊安裝位置的縫份確實內摺，疊放在拉鍊布帶上疏縫固定後，再進行車縫。

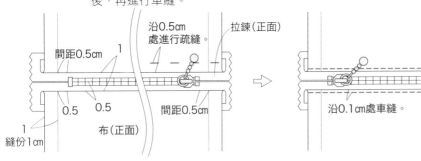

間距0.5cm

沿0.5cm處進行疏縫。

拉鍊（正面）

0.5　0.5

間距0.5cm

布（正面）

1

縫份1cm

沿0.1cm處車縫。

若不想露出拉鍊布端，須摺三角形＆止縫固定。

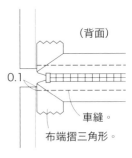

（背面）

0.1

車縫。

布端摺三角形。

手縫

平針縫

0.3～0.4

藏針縫

0.2～0.3

壓縫

0.15～0.2

表布

鋪棉

裡布

選用搭配布料顏色的聚酯纖維手縫線。

輪廓繡

1　3

2　5　4

2與5為相同位置

國家圖書館出版品預行編目(CIP)資料

跟設計師學縫手作包 / BOUTIQUE-SHA授權；劉好
殊譯. -- 初版. -- 新北市：Elegant-Boutique新手作出
版：悅智文化事業有限公司發行, 2021.07
　　面；　公分. -- (輕.布作；49)
　　ISBN 978-957-9623-70-4(平裝)

1.手提袋 2.手工藝

426.7　　　　　　　　　　　　110010315

🪡輕‧布作 49

跟設計師學縫手作包：
有時經典大布包‧有時可愛波奇包

授　　　權／BOUTIQUE-SHA
譯　　　者／劉好殊
發 行 人／詹慶和
執行編輯／陳姿伶
編　　　輯／蔡毓玲‧劉蕙寧‧黃璟安
執行美編／周盈汝
美術編輯／陳麗娜‧韓欣恬
出 版 者／Elegant-Boutique新手作
發 行 者／悅智文化事業有限公司　　郵政劃撥帳號／19452608
戶　　　名／悅智文化事業有限公司
地　　　址／新北市板橋區板新路206號3樓
網　　　址／www.elegantbooks.com.tw
電子郵件／elegant.books@msa.hinet.net　　電 話／(02)8952-4078
傳　　　真／(02)8952-4084

2021年7月初版一刷 定價350元

Staff日本原書製作團隊

編輯／新井久子　三城洋子
作法校對／安彥友美
攝影／山本倫子
裝禎／右高晴美
轉寫‧紙型／白井麻衣

經銷／易可數位行銷股份有限公司
地址／新北市新店區寶橋路235巷6弄3號5樓
電話／(02)8911-0825　傳真／(02)8911-0801

Elegantbooks
以閱讀，
享受幸福生活

雅書堂
EB 新手作

雅書堂文化事業有限公司
22070新北市板橋區板新路206號3樓
facebook 粉絲團:搜尋 雅書堂
部落格 http://elegantbooks2010.pixnet.net/blog
TEL:886-2-8952-4078 ・ FAX:886-2-8952-4084

輕·布作 24

簡單
好作

以基本的作法，變幻出美麗的飾品。
初學35枚和風布花設計

簡單×好作
初學35枚和風布花設計
（暢銷版）
福清◎著
定價280元

輕·布作 25

從基本款開始學作61款手作包
自己輕鬆作簡單&可愛的 收納包

BOUTIQUE-SHA◎著

從基本款開始學作61款手作包
自己輕鬆作簡單&可愛的收納包
（暢銷版）
BOUTIQUE-SHA◎授權
定價280元

輕·布作 26

作故実上の
可愛口金包

製作技巧大破解！
一作就愛上的可愛口金包
（暢銷版）
日本VOGUE社◎授權
定價320元

輕·布作 28

實用滿分·不只是裝可愛
肩背&手提okの
大容量口金包
手作提案30選

肩背&手提ok的大容量口
金包手作提案30選（暢銷
版）
BOUTIQUE-SHA◎授權
定價320元

輕·布作 29

超圖解!94枚 個性&設計針十足の
可愛布作 徽章×別針
×胸花×小物

個性&設計威十足の94枚
可愛布作徽章×別針×胸花
×小物
BOUTIQUE-SHA◎授權
定價280元

輕·布作 30

袖珍包兒×雜貨の
迷你布作小世界

簡單·可愛·超開心手作！
袖珍包兒×雜貨的迷你布
作小世界（暢銷版）
BOUTIQUE-SHA◎授權
定價280元

輕·布作 31

一次學會 25款
可愛布包&波奇小物包

BAG & POUCH·新手簡單作！
一次學會25件可愛布包&
波奇小物包
日本ヴォーグ社◎授權
定價300元

輕·布作 32

開心背著走的手作布包

簡單才是經典！
自己作35款開心背著走的手
作布
BOUTIQUE-SHA◎授權
定價280元

輕·布作 33

手作39款
可動式收納包

Free Style！
手作39款可動式收納包
看波奇包秒變小錢包·包中包·小提包·
斜背包……方便又可愛！
BOUTIQUE-SHA◎授權
定價280元

輕·布作 34

實用布品多！
設計威滿點の
手作波奇包

實用度最高！
設計感滿點的手作波奇包
日本VOGUE社◎授權
定價350元

輕·布作 35

妙用墊肩作の
37個軟Q波奇包

妙用墊肩作の
37個軟Q波奇包
2片墊肩=1個包，最簡便的防撞設
計！化妝包·3C包最佳選擇！
BOUTIQUE-SHA◎授權
定價280元

輕·布作 36

挑喜歡的布，
作自己的包

非玩「布」可！挑喜歡的
布，作自己的包
60個簡單&實用的基本款人氣包&布
小物·開始學布作的60個新手練習
本橋よしえ◎著
定價320元

輕·布作 37

NINA娃娃的服裝設計80+

NINA娃娃的服裝設計80+
獻給娃媽們·享受換裝、造型、扮演
故事的布作遊戲
HOBBYRA HOBBYRE◎著
定價380元

輕·布作 38

輕便出門剛剛好の
人氣斜背包

輕便出門剛剛好的人氣斜
背包
BOUTIQUE-SHA◎授權
定價280元

輕·布作 39

超有個性の
手作包27選

這個包不一樣！幾何圖形玩創意
超有個性的手作包27選
日本ヴォーグ社◎授權
定價320元

輕·布作 40

和風布花
の手作時光

和風布花的手作時光
從基礎開始學作和風布花的
32件美麗飾品
かくた まさこ◎著
定價320元

輕·布作 41

自己動手作
可愛又實用的
71款生活感布小物

玩創意！自己動手作
可愛又實用的
71款生活感布小物
BOUTIQUE-SHA◎授權
定價320元

輕·布作 42

每日的後背包

每日的後背包
BOUTIQUE-SHA◎授權
定價320元

輕·布作 43

33款 縫掛害基最棒的布娃娃
手縫可愛の
繪本風布娃娃

手縫可愛的繪本風布娃娃
33個給你最溫柔陪伴的布娃兒
BOUTIQUE-SHA◎授權
定價350元

輕·布作 44

簡單縫·點綴感OK！
手作系女孩の
小清新布飾品設計

手作系女孩の
小清新布飾品設計
BOUTIQUE-SHA◎授權
定價320元

輕·布作 45

花系女子の
和風布花飾品設計

花系女子の
和風布花飾品設計
かわらしや◎著
定價320元

輕·布作 46

簡單直裁の
43堂布作設計課

簡單直裁の
43堂布作設計課
新手ok！快速完成！超實用布小物！
BOUTIQUE-SHA◎授權
定價320元

輕·布作 47

119。超大容量

打開零碼布手作箱
簡單縫就可愛！

打開零碼布手作箱，
簡單縫就可愛！
BOUTIQUE-SHA◎授權
定價350元

輕·布作 48

簡單就好！
手作人的
輕鬆自在小包包

簡單就好！
手作人的輕鬆自在小包包
BOUTIQUE-SHA◎授權
定價320元

BAG & POUCH